高等职业教育园林工程类"十二五"规划教材
省级示范性高等职业院校"优质课程"建设成果

U0369297

园林工程地形设计与施工

李 谦 李 默 主编

刘益荣 熊丙全 副主编

西南交通大学出版社
·成 都·

内容简介

本书主要根据高职高专园林工程技术学生的专业特点，将园林"八大工程"的第一工程——土方工程做了详细介绍。本书从土方工程中的材料用土入手，讲述了土壤的工程特性、园林地形的设计及土方工程的施工技术；在传统土方工程的基础上，增加了地基与基础的简介以及挡土墙工程，使学生在学习中能更全面地了解土方工程在实际施工中的应用。

图书在版编目（CIP）数据

园林工程地形设计与施工 / 李谦，李默主编. —成都：西南交通大学出版社，2013.8（2014.1重印）
高等职业教育园林工程类"十二五"规划教材
ISBN 978-7-5643-2536-7

Ⅰ. ①园… Ⅱ. ①李… ②李… Ⅲ. ①园林设计 – 高等职业教育 – 教材②园林 – 工程施工 – 高等职业教育 – 教材 Ⅳ. ①TU986

中国版本图书馆 CIP 数据核字（2013）第 182488 号

高等职业教育园林工程类"十二五"规划教材

园林工程地形设计与施工

李 谦 李 默 主编

*

责任编辑 杨 勇
助理编辑 曾荣兵
封面设计 墨创文化

西南交通大学出版社出版发行

四川省成都市金牛区二环路北一段 111 号西南交通大学创新大厦 21 楼
邮政编码：610031 发行部电话：028-87600564
http://press.swjtu.edu.cn
成都蓉军广告印务有限责任公司印刷

*

成品尺寸：185 mm × 260 mm 印张：11
字数：270 千字
2013 年 8 月第 1 版 2014 年 1 月第 2 次印刷
ISBN 978-7-5643-2536-7
定价：25.00 元

序

随着我国改革开放的不断深入和经济建设的高速发展，我国高等职业教育也取得了长足的发展，特别是近十年来在党和国家的高度重视下，高等职业教育改革成效显著，发展前景广阔。早在 2006 年，教育部连续出台了《教育部、财政部关于实施国家示范性高等职业院校建设计划，加快高等职业教育改革与发展的意见》（教高〔2006〕14 号）、《关于全面提高高等职业教育教学质量的若干意见》（教高〔2006〕16 号）文件以及近年来陆续出台了《关于充分发挥职业教育行业指导作用的意见》（教职成〔2011〕6 号）、《关于推进高等职业教育改革创新引领职业教育科学发展的若干意见》（教职成〔2011〕12 号）、《关于全面提高高等教育质量的若干意见》（教高〔2012〕4 号）等文件，这标志着我国高等职业教育在质量得以全面提高的基础上，已经进入体制创新和努力助推各产业发展的新阶段。

近日，教育部、国家发展改革委、财政部《关于印发〈中西部高等教育振兴计划（2012—2020 年）〉的通知》（教高〔2013〕2 号）明确要求，专业设置、课程开发须以社会和经济需求为导向，从劳动力市场分析和职业岗位分析入手，科学合理地进行。按照现代职业教育体系建设目标，根据技术技能人才成长规律和系统培养要求，坚持德育为先、能力为重、全面发展，以就业为导向，加强学生职业技能、就业创业和继续学习能力的培养。大力推进工学结合、校企合作、顶岗实习，围绕区域支柱产业、特色产业，引入行业、企业新技术、新工艺，校企合办专业，共建实训基地，共同开发专业课程和教学资源。推动高职教育与产业、学校与企业、专业与职业、课程内容与职业标准、教学过程与生产服务有机融合。因此，树立校企合作共同育人、共同办学的理念，确立以能力为本位的教学指导思想显得尤为重要，要切实提高教学质量，以课程为核心的改革与建设是根本。

成都农业科技职业学院经过 11 年的改革发展和 3 年的省级示范性建设，在课程改革和教材建设上取得了可喜成绩，在省级示范院校建设过程中已经完成近 40 门优质课程的物化成果——教材，现已结稿付梓。

本系列教材基于强化学生职业能力培养这一主线，力求突出与中等职业教育的层次区别，借鉴国内外先进经验，引入能力本位观念，利用基于工作过程的课程开发手段，强化行动导向教学方法。在课程开发与教材编写过程中，大量企业精英全程参与，共同以工作过程为导向，以典型工作任务和生产项目为载体，立足行业岗位要求，参照相关的职业资格标准和行业企业技术标准，遵循高职学生成长规律、高职教育规律和行业生产规律进行开发建设。按照项目导向、任务驱动教学模式的要求，构建学习任务单元，在内容选取上注重学生可持续发展能力和创新创业能力的培养，具有典型的工学结合特征。

本系列教材的正式出版，是成都农业科技职业学院不断深化教学改革的结果，更是省级示范院校建设的一项重要成果，其中凝聚了各位编审人员的大量心血与智慧，也凝聚了众多行业、企业专家的智慧。该系列教材在编写过程中得到了有关兄弟院校的大力支持，在此一并表示诚挚感谢！希望该系列教材的出版能有助于促进高职高专相关专业人才培养质量的提高，能为农业高职院校的教材建设起到积极的引领和示范作用。

诚然，由于该系列教材涉及专业面广，加之编者对现代职业教育理念的认知不一，书中难免存在不妥之处，恳请专家、同行不吝赐教，以便我们不断改进和提高。

龙 旭

2013 年 5 月

前　言

随着社会经济的不断发展，人们对生态环境的要求越来越高，社会对园林工程技术的要求也从纯技术工程向综合的景观工程转变，而园林工程也越来越细化。为了适应我国高等职业技术教育的发展，培养具有高素质的园林专门人才，按照省级示范专业的要求，开发符合高职高专园林人才培养要求的园林专业教材。

本书为园林工程技术"八大工程"之一的土方工程。土方工程是园林工程施工工作程序的第一步，故本书在编写过程中从土方工程中的材料土入手，讲述了土壤的工程特性、园林地形的设计、土方工程的施工技术及特殊土方问题的处理。本书在传统土方工程施工技术讲述的基础上，根据高职高专学生和园林工程技术施工中的特点，增加了建筑工程中地基与基础种类的简介以及园林设计中常见的挡土景墙工程，使学生在学习中能更全面地了解土方工程在实际施工中的各个方面。

本书在编写过程中参考了很多资料和著作，在此向相关作者表示感谢。另外，由于编者水平有限，书中不足之处敬请各位专家、读者批评指正。

编　者

2013 年 6 月

目录 CONTENTS

CONTENTS

土方工程概述

【本章任务】 通过本章学习，掌握土的相关工程土壤力学性质；了解土方工程量计算的各种方法，重点掌握方格网法平整场地的方法；掌握土方平衡和调配的原则和方法；掌握土体现场鉴别方法，能够正确鉴别施工现场土体。

第一节 土的工程分类、性质及现场鉴别

土的分类及物理性质是土方施工的基础，也是竖向设计地形调查和分析评定的重要内容。在土方施工中，土的分类及性质以反映土壤承载力、土壤变形、水的渗透性及对构筑物的影响为标准。

一、土的工程分类与现场鉴别

土壤是地球表面的一层疏松的物质，由各种颗粒状矿物质、有机物质、水分、空气、微生物等组成，能生长植物。土壤一般由固相、液相和气相三部分组成：固相（固体物质）包括土壤矿物质、有机质和微生物等；液相（液体物质）主要指土壤水分；气相（气体）是存在于土壤孔隙中的空气。这三部分的不同比例关系反映出土壤不同的物理状态，如干燥或湿润、松散或板结等。土壤的这些指标对土壤的工程分类具有重要意义。

1. 土的工程分类

土的分类方法很多，在土方工程施工中，根据土的开挖难易程度，将土分为松软土、普通土、坚土、砂砾坚土、软石、次坚石、坚石和特坚石八类。前四类习惯上称为一般土，后四类属于岩石，具体分类标准见表1.1。

表 1.1　土的工程分类

土的分类	土的名称	坚实系数	开挖方法及工具
一类土 （松软土）	砂，粉土，冲积砂土层，种植土，泥炭（淤泥）	0.5～0.6	用铁锹、锄头挖掘
二类土 （普通土）	粉质黏土，潮湿的黄土，夹有碎石、卵石的砂，种植土，填筑土及粉土混卵（碎）石	0.6～0.8	用铁锹、锄头挖掘，少许用镐
三类土 （坚土）	中等密实黏土，重粉质黏土，粗砾石，干黄土及含碎石、卵石的黄土、粉质黏土，压实的填筑土	0.8～1.0	主要用镐，少许用锹、锄挖掘
四类土 （砂砾坚土）	坚硬密实黏土及含碎石、卵石的黏土，粗卵石，密实的黄土，天然级配砂石，软泥灰岩及蛋白石	1.0～1.5	用镐、锄挖掘，少许用撬棍挖掘
五类土 （软石）	硬质黏土，中等密实的页岩、泥灰岩、白垩土，胶结不紧的砾岩，软的石灰岩	1.5～4.0	用镐或撬棍、大锤挖掘，部分用爆破方法
六类土 （次坚石）	泥岩，砂岩，砾岩，坚实的页岩，泥灰岩，密实的石灰岩，风化花岗岩，片麻岩	4.0～10	用爆破方法开挖，部分用风镐
七类土 （坚石）	大理石，辉绿岩，玢岩，粗、中粒花岗岩，坚实的白云岩、砾岩、片麻岩、石灰岩，微风化的安山岩、玄武岩	10～18	用爆破方法开挖
八类土 （特坚石）	安山岩，玄武岩，花岗片麻岩，坚实的细粒花岗	18～25 以上	用爆破方法开挖

注：① 土的级别为相当于一般 16 级土石分类级别；
　　② 坚实系数为相当于普氏岩石强度系数

　　在园林景观土方工程中，由于实际土壤的坚硬程度不同，使其开挖的难易程度不同，从而把土壤概括分为三类土：松土、半坚土、坚土。其组成、密度及开挖方式详见表 1.2。

表 1.2　土壤的工程分类

类别	级别	编号	土壤名称	天然含水量状态下土壤的平均容重/（kg/m³）	开挖方法
松土	I	1	砂	1 500	用铁锹挖掘
		2	植物性土壤	1 200	
		3	壤土	1 600	
半坚土	II	1	黄土类黏土	1 600	用锹、镐挖掘，局部采用撬棍开挖
		2	15 mm 以内的中小砾石	1 700	
		3	砂质黏土	1 650	
		4	混有碎石与卵石的腐殖土	1 750	
	III	1	稀软黏土	1 800	
		2	15～50 mm 的碎石及卵石	1 750	
		3	干黄土	1 800	

续表1.2

类别	级别	编号	土壤名称	天然含水量状态下土壤的平均容重/（kg/m³）	开挖方法
坚土	IV	1	重质黏土	1 950	用锹、镐、撬棍、凿子、铁锤等开挖，或用爆破方法开挖
		2	含有 50 kg 以下石块的黏土块石所占体积<10%	2 000	
		3	含有重 10 kg 以下石块的粗卵石	1 950	
	V	1	密实黄土	1 800	
		2	软泥灰岩	1 900	
		3	各种不坚实的页岩	2 000	
		4	石膏	2 200	
	VI VII		均为岩石类（省略）	7 200	

2. 土的现场鉴别

在野外选址施工或现场施工开始前，我们常常需要对土壤进行鉴别，其鉴别方法详见表1.3 和表1.4。

表 1.3 碎石土、砂土现场鉴别方法

类别	土的名称	颗粒粗细	干燥时的状态及强度	湿润时用手拍击状态	黏着程度
砂土	粉 砂	大部分颗粒大小与米粉近似	颗粒少部分分散，大部分胶结，稍加压力可分散	表面有显著的翻浆现象	有轻微的黏着感受
	细 砂	大部分颗粒与粗豆米粉（>0.074 mm）近似	颗粒大部分分散，少量胶结，部分稍加碰撞即散	表面有水印（翻浆）	偶有轻微黏着感受
	中 砂	约有一半及以上的颗粒超过 0.25 mm（白菜子粒大小）	颗粒基本分散，局部胶结，但一碰即散在一起	表面偶有水印	无黏着感受
	粗 砂	约有一半及以上的颗粒超过 0.5 mm（细小米粒大小）	颗粒完全分散，但有个别胶结在一起	表面无变化	无黏着感受
	砾 砂	约有 1/4 及以上的颗粒超过 2 mm（小高粱米粒大小）	颗粒完全分散	表面无变化	无黏着感受
碎石土	圆（角）砾	一半以上的颗粒超过 2 mm（小高粱米粒大小）	颗粒完全分散	表面无变化	无黏着感受
	卵（碎）石	一半以上的颗粒超过 2 mm	颗粒完全分散	无变化	无黏着感受

表 1.4　黏性土的现场鉴别方法

土的名称	土的状态		湿润时用手捻摸时的感觉	湿润时用刀切时的状况	湿土捻条情况
	干土	湿土			
砂土	松散	不能黏着物体	无黏滞感，感觉到全是砂粒，粗糙	无光滑面，切面粗糙	无塑性，不能搓成土条
粉土	土块用手捏或抛扔时易碎	不易黏着物体，干燥后一碰就掉	有轻微黏滞感或无黏滞感，感觉到砂粒较多，粗糙	无光滑面，切面稍粗糙	塑性小，能搓成直径为 2～3 mm 的短条
粉质黏土	土块用力可压碎	能黏着物体，干燥后较易剥去	稍有滑腻感，有黏滞感，感觉到有少量砂粒	稍有光滑面，切面平整	有塑性，能搓成直径为 2～3 mm 的土条
黏土	土块坚硬，用锤才能敲碎	易黏着物体，干燥后不易剥去	有滑腻感，感觉不到砂粒，水分较大，很黏手	切面光滑，有黏滞阻力	塑性大，能搓成直径小于 0.5 mm 的长条（长度不短于手掌），手持一端不易断裂

二、土的工程性质

土壤的工程性质对土方工程的稳定性、施工方法、工程量及工程投资有很大关系，涉及场地竖向设计、施工技术的制订和施工组织的安排。因此，对土壤的工程性质进行研究并掌握是必要的。以下是土壤几种主要工程性质：

1. 土壤的容重

土壤的容重是指单位体积内天然状况下的土壤重量，单位为 kg/m³。土壤的容重大小直接影响到施工的难易程度，是土壤坚实度的指标之一。同等地质条件下，容重越小，土壤越疏松，越容易挖掘；反之，容重越大，土壤越坚实，挖掘难度越大。在土方施工中施工技术就是根据具体土壤类别来确定的。常见土壤的容重可具体参看表 1.2。

2. 土壤的自然倾斜角（安息角）与坡度

土壤的自然倾斜角也称为土壤的自然安息角，指土壤自然堆积，经自然沉降稳定后的表面与地平面所形成的夹角，用 α 表示，如图 1.1 所示。

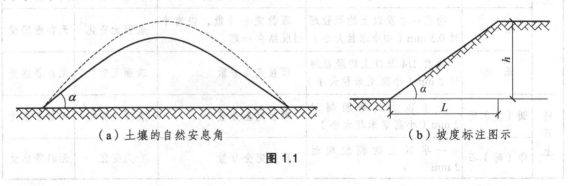

（a）土壤的自然安息角　　　　　　　（b）坡度标注图示

图 1.1

在工程设计及施工时应充分考虑土壤的边坡坡度值及自然倾斜角的数值。同时，自然倾斜角还受到其含水量的影响有所不同，详见表1.5。

表1.5　土壤的含水量与自然倾斜角

土壤名称	土壤含水量			土壤颗粒尺寸/mm
	干的	湿润的	潮湿的	
砾石	40°	40°	35°	2～20
卵石	35°	45°	25°	20～200
粗砂	30°	32°	27°	1～2
中砂	28°	35°	25°	0.50～1.00
细砂	25°	30°	20°	0.05～0.50
黏土	45°	35°	15°	<0.001～0.005
壤土	50°	40°	30°	
腐殖土	40°	35°	25°	

土方工程不论填方还是挖方都要求有稳定的边坡。坡度即为与土壤自然倾斜角密切相关的工程术语。一般定义为高度在一段水平距离上的竖向变化（单位：m），即边坡坡度为其高度和水平距之比，如图1.1（b）和图1.2所示。则

$$边坡坡度 = h / L = \tan\alpha \tag{1.1}$$

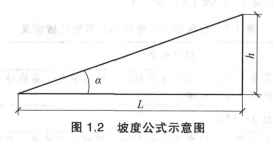

图1.2　坡度公式示意图

工程界工程界习惯用1：M来表示边坡坡度，其中M为坡度系数。1：M＝1：L/h，所以坡度系数是边坡坡度的倒数，如边坡坡度为1：3的边坡，也可叫做坡度系数为3的边坡。

同一坡度可以用坡度和比值两种方式表达。坡度表达方式同式（1.1），也可用百分比来表示；比值表示时，水平数值在前，高度值在后，如3：1，即表示在3个单位（m）水平距离上，有一个单位（m）向上或向下的竖向变化，在断面图中还可用三角形表示比值，如图1.3所示。

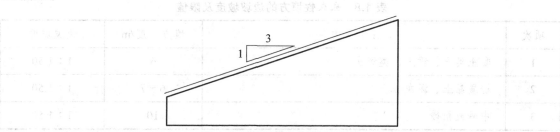

图1.3　比例表示斜坡示意图

园林绿地内的山坡、谷地等地形必须保持稳定，当土坡超过土壤自然倾斜角而不稳定时，必须采用挡土墙、护坡等技术措施防止水土流失或滑坡。因此，设计或施工前可参考各类土的自然倾斜角设计限值，详见表1.6。

表 1.6　土壤自然倾斜角的设计限值

名称	自然倾角	坡度/%	边坡斜率
砾石	30°	75	1∶1.75
卵石	25°	48	1∶2.10
黏土	15°	27	1∶3.70
壤土	30°	75	1∶1.75
腐殖土	25°	48	1∶2.10
粗砂	27°	50	1∶2.00
中砂	25°	48	1∶2.10
细砂	20°	36	1∶2.75

开挖坡度是否合理，直接影响到土方工程的稳定性，故应结合工程本身要求（永久性或临时性）和当地具体条件（土壤种类、分层及受压情况等）使边坡开挖符合工程技术规范的要求，具体各种坡度详见表1.7、表1.8、表1.9。

表 1.7　永久性土工结构物挖方的边坡坡度

项次	挖方性质	边坡坡度
1	在天然湿度、层理均匀，不易膨胀的黏土、砂质黏土、黏质砂土和砂类土内挖方深度不大于3 m者	1∶1.25
2	土质同上，挖深3～12 m	1∶1.50
3	在碎石和泥炭土内挖方，深度不大于12 m，根据土的性质、层理特性和边坡高度确定	1∶1.50～1∶0.50
4	在风化岩石内的挖方，根据岩石性质、风化程度、层理特性和挖方深度确定	1∶1.50～1∶0.20
5	在轻微风化岩石内的挖方，岩石无裂缝且无倾向挖方坡角的岩石	1∶0.10
6	在未风化的完整岩石内挖方	直立的

表 1.8　永久性填方的边坡坡度及限值

项次	土的种类	填方高度/m	边坡坡度
1	黏土类土、黄土、类黄土	6	1∶1.50
2	粉质黏土、泥灰岩土	6～7	1∶1.50
3	中砂或粗砂	10	1∶1.50

续表 1.8

项次	土的种类	填方高度/m	边坡坡度
4	砾石和碎石土	10～12	1：1.50
5	易风化的岩石	12	1：50
6	轻微风化、尺寸大于 25 cm 内的石料	6 以内	1：1.33
		6～12	1：1.50
7	轻微风化、尺寸大于 25 cm 的石料,边坡用最大石块、分排整齐铺砌	12 以内	1：1.50～1：0.75
8	轻微风化、尺寸大于 40 cm 的石料,其边坡分排整齐	5 以内	1：0.50
		5～10	1：0.65
		>10	1：1.00

注：① 当填方高度超过本表规定限值时，其边坡可做成折线形，填方下部的边坡坡度应为 1：1.75～1：2.00。
② 凡永久性填方，土的种类未列入本表者，其边坡坡度不得大于（α+45°）/2，其中 α 为土的自然倾斜角。

表 1.9　临时性填方的边坡坡度

项次	土的名称	填方高度/m	边坡坡度
1	大石块（平整的）	5.00	1：0.50
2	大石块	6.00	1：0.75
3	天然湿度的黏土、砂质黏土和砂土	8.00	1：1.25
4	砾石土和粗砂土	12.00	1：1.25
5	黄土	3.00	1：1.50
6	易风化的岩石	12.00	1：1.50

3. 土壤的含水量

土壤的含水量是指土壤孔隙中的水重和土壤颗粒重的比值，即土壤液相与固相重量的比值。土壤含水量在 5% 以内为干土，30% 以内为潮土，大于 30% 为湿土。土壤含水量的多少对土方施工的难易程度有直接影响。含水量过大时，土壤泥泞导致人力、机械施工都很困难，工效降低；含水量过小时，土质坚实，不易挖掘。含水量过大的土壤不宜作回填土使用。为保证土壤压实质量，土壤应具有最佳含水量，一般以土料手握成团，落地开花为宜。具体数值参考表 1.10。

表 1.10　土的最佳含水量和最大干密度参考表

项次	土壤名称	变动范围	
		最佳含水量（质量分数）/%	最大干密度/（kg/m³）
1	砂　　土	8～12	$1.80×10^3～1.88×10^3$
2	黏　　土	19～23	$1.58×10^3～1.70×10^3$
3	粉质黏质	12～15	$1.85×10^3～1.95×10^3$
4	粉　　土	16～22	$1.61×10^3～1.80×10^3$

注：① 表中的最大干密度应以现场实际到达的数字为准。
② 一般性的回填，可不做此项测定。

4. 土壤的可松性

土壤的可松性指土壤经挖掘后，其原有紧密结构遭到破坏，土体变得松散而使体积增加的性质。这一性质直接关系到土壤的运输以及挖方量、填方量的计算。各种土壤可松性系数及体积增加百分比详见表1.11。

土壤的可松性可由下列公式表示：

$$最初可松性系数\ K_p = \frac{开挖后土壤的松散体积V_2}{开挖前土壤的自然体积V_1} \tag{1.2}$$

$$最后可松性系数\ K'_p = \frac{填方夯实后土壤的体积V_3}{开挖前土壤的自然体积V_1} \tag{1.3}$$

体积增加的百分比与可松性系数的关系可用以下公式表示：

$$最初体积增加百分比 = \frac{V_2 - V_1}{V_1} \times 100\% = (K_p - 1) \tag{1.4}$$

$$最后体积增加百分比 = \frac{V_3 - V_1}{V_1} \times 100\% = (K'_p - 1) \tag{1.5}$$

表 1.11　各类土壤的可松性系数参考值

序号	土的类别		体积增加百分比/%		可松性系数	
			最初	最后	最初/K_p	最后/K'_p
1	一类土	种植土除外	8.0～17.0	1.0～2.5	1.08～1.17	1.01～1.03
		种植土、泥炭	20.0～30.0	3.0～4.0	1.20～1.30	1.03～1.04
2	二类土		14.0～28.0	1.5～5.0	1.14～1.30	1.02～1.05
3	三类土		24.0～30.0	4.0～7.0	1.24～1.30	1.04～1.07
4	四类土	泥灰岩、蛋白石除外	26.0～32.0	6.0～9.0	1.26～1.32	1.06～1.09
		泥灰岩、蛋白石	33.0～37.0	11.0～15.0	1.33～1.37	1.11～1.15
5	五类土		30.0～45.0	10.0～20.0	1.30～1.45	1.10～1.20
6	六类土		30.0～45.0	10.0～20.0	1.30～1.45	1.10～1.20
7	七类土		30.0～45.0	10.0～20.0	1.30～1.45	1.10～1.20
8	八类土		45.0～50.0	20.0～30.0	1.45～1.50	1.20～1.30

5. 土壤的相对密实度（D）

土的相对密实度用来表示土壤填筑后的密实程度。土体中固体物质和孔隙双方的充实关系，一般用孔隙比和孔隙率来表示：

$$D = \frac{\varepsilon_1 - \varepsilon_2}{\varepsilon_1 - \varepsilon_3} \tag{1.6}$$

式中　D——土壤相对密实度；

　　　ε_1——填土在最松散状况下的孔隙比；

　　　ε_2——经碾压或夯实后的土壤孔隙比；

　　　ε_3——最密实情况下土壤孔隙比。

注：孔隙比是指土壤空隙的体积与固体颗粒体积的比。

填方工程中土壤的相对密实度是检查土壤施工中密实度的重要指标。通常采用人工夯实或机械夯实的方法来达到土壤密实的设计要求。一般情况下，人工夯实的密实度在 87% 左右，机械夯实的密实度可达 95%。大面积填方如堆土山时，通常不加夯实，而是借助土壤的自重慢慢沉落，久而久之也可以达到一定的密实度。

填方的密实度要求一般是由设计根据工程结构性质、使用要求及土的性质确定的，如果设计没做规定，可参考表 1.12。

表 1.12　压实系数 λ_c 要求

结构类型	填土部位	压实系数 λ_c
砌体承重结构和框架结构	在地基主要持力层范围内	>0.96
	在地基主要持力层范围以下	0.93~0.96
简支结构和排架结构	在地基主要持力层范围内	0.94~0.97
	在地基主要持力层范围以下	0.91~0.93
一般工程	基础四周或两侧一般回填土	0.90
	室内地坪、管道地沟回填土	0.90
	一般堆放物件场地回填土	0.85

6. 土壤的渗透性

土的渗透性是指土体被水透过的性质。土的渗透性与土体的结构组成、土的地质类别、水体的自身压力大小都有关系，在土方工程施工中，地下水在土中渗流，在流动中受到土壤颗粒的阻力，其阻力大小与土的渗透性及地下水渗流路程的长度有关。土的渗透性用渗透系数 K 表示，一般由试验确定，可参考表 1.13。

表 1.13　含水层内土的渗透系数 K 参数

序号	含水层名称	渗透系数/（m/d）	序号	含水层名称	渗透系数/（m/d）
1	黏土	<0.005	9	均质中砂	35~50
2	粉质黏土	0.005~0.1	10	粗砂	20~50
3	粉土	0.1~0.5	11	均质粗砂	60~75
4	黄土	0.25~0.5	12	圆砾石	50~100
5	粉砂	0.5~1	13	卵石	100~500
6	细砂	1~5	14	漂石（无砂质填充）	500~1000
7	中砂	5~20	15	稍有裂隙岩石	20~60
8	含黏土的中砂	3~15	16	裂缝多的岩石	>60

第二节 土方工程量的计算与平衡调配

土方量的计算工作就其要求精确度不同，可分为估算和计算两种。在总体规划阶段，土方计算无需过分精细，只作估算就可以；而详细规划阶段土方量的计算精度要求较高，需要经过计算得到。计算土方量无论是挖方量还是填方量，归根到底就是要计算某些特定土体的体积。计算土方体积的方法很多，常用的有体积公式估算、断面法、等高面法和方格网法四种。

一、体积公式估算法

土方工程中不管是原地形还是设计地形，经常会遇到一些类似锥体、棱台等几何形体的地形单体，如类似棱台的池塘、类似锥体的山丘等。这些地形单体的体积可以采用相近的几何体公式进行计算。这种方法简单便捷，但精度较差，所以多用于规划阶段的估算，计算公式见表1.14。

表 1.14　各种几何体体积计算公式

序号	几何体	体积
1	圆锥	$V = \dfrac{1}{3}\pi r^2 h$
2	圆台	$V = \dfrac{1}{3}\pi(r_1^2 + r_2^2 + r_1 r_2)h$
3	棱锥	$V = \dfrac{1}{3}Sh$
4	棱台	$V = \dfrac{1}{3}h(S_1 + S_2 + \sqrt{S_1 S_2})$
5	球缺	$V = \dfrac{\pi h}{6}(h^2 + 3r^2)$

二、垂直断面法

垂直断面法是用一组相互平行的等距或者不等距的截面将要计算的地块、地形单体（如山、溪、池、岛）和土方工程（如堤、沟、渠、带状山体）分截成段，分别计算这些段的体积，再将这些段的体积加在一起，求得该计算对象的总土方量。此方法适用于场地平整及长条形地形单体的土方量计算，如图1.4所示。用断面法计算土方量，其精度主要取决于截取的断面的数量，多则较精确，少则较粗放。

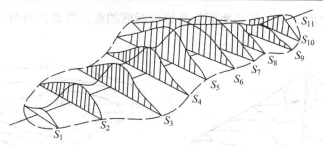

图 1.4　带状山体垂直断面示意图

基本计算方式如下：

当 $S_1 = S_2$ 时　　　　　　　　　$V = S \times L$　　　　　　　　　　　　　（1.7）

当 $S_1 \neq S_2$ 时　　　　　　　　$V = \frac{1}{2}(S_1 + S_2) \times L$　　　　　　　　　（1.8）

式中　S——断面面积，m^2；

　　　L——相邻两断面之间的距离，m。

式（1.8）计算简便，但当 S_1 和 S_2 的面积相差较大，或相邻两断面之间的距离（L）大于 50 m 时，计算所得误差较大，此时可改用下面公式计算：

当 S_1、S_2 面积相差过大时　$V = \frac{1}{6}(S_1 + S_2 + 4S_0) \times L$　　　　　　　（1.9）

式中，中截面积 S_0 有如下两种求法：

① 用中截面积公式计算：$S_0 = \frac{1}{4}(S_1 + S_2 + 2\sqrt{S_1 S_2})$　　　　　　　（1.10）

② 用 S_1 和 S_2 相应边的算术平均值求 S_0 的面积。（此法适用于堤或沟渠）

例：有一土堤，要计算的两断面呈梯形，S_1 和 S_2 各边的数值如图 1.5 所示，求 S_0。

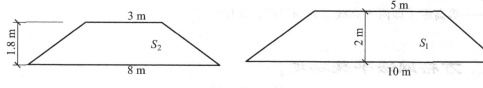

图 1.5

由图可得：

S_0 上底：　　　$(5 + 3)/2 = 4$（m）

　　　下底：　　　$(10 + 8)/2 = 9$（m）

　　　高：　　　　$(2 + 1.8)/2 = 1.9$（m）

则　　　　　　　$S_0 = (4 + 9)/2 \times 1.9 = 12.35$（$m^2$）

三、等高面法

等高面法与垂直断面法相似，是按照等高线的原理沿水平方向截取断面，断面面积即为该位置等高线所围合的面积，等高距即为相邻两断面的高。等高面计算法的具体水平分块体积如图 1.6 所示。

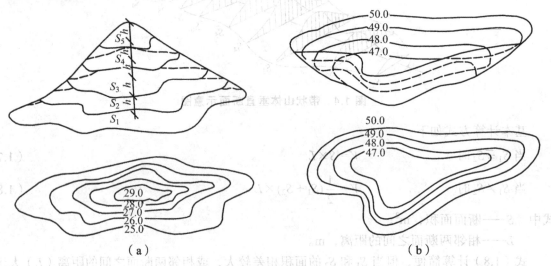

图 1.6 水平断面法图示（单位：m）

计算如下：

$$V = \frac{S_1 + S_2}{2}h + \frac{S_2 + S_3}{2}h + \frac{S_3 + S_4}{2}h + \cdots + \frac{S_{n-1} + S_n}{2}h + \frac{S_n}{3}h$$

$$= \left(\frac{S_1 + S_n}{2} + S_2 + S_3 + S_4 + \cdots + S_{n-1} \right)h + \frac{S_n}{3}h \quad （1.11）$$

式中　V——土方体积，m^3；

　　　S_n——各层水平断面面积，m^2；

　　　h——等高距（即两等高线之间的距离，m）。

四、方格网法平整场地

在园林工程建设过程中，除了挖湖堆山等地形改造外，还需要进行坡地等场地平整以满足大大小小场地不同的用途。平整场地是将原来高低不平或比较破碎的地形按设计要求整理成为平坦的、具有一定坡度的场地，如停车场、集散广场、运动场、露天剧场等。这些需要平整的场地地形进行土方计算，最适宜的就是方格网法。

方格网法是把平整场地的设计工作和土方量计算工作结合在一起进行的，其步骤如下：

1. 设置方格网

将附有等高线的地形图划分成间距相等的方格网，方格网要与所提供的地形坐标的纵横方向相对应。在园林工程中方格边长通常为 20 ~ 40 m，当地形起伏变化较大时为 10 ~ 20 m。

2．求原地形标高

原地形标高为改点实际标高。当精度要求较高时，可用测量仪器直接测定各方格角点的地面原地形标高；当精度要求不太高时，常用插入法在地形图上求出各角点的原地形标高。其计算公式如下：

$$H_x = H_a \pm \frac{xh}{L} \tag{1.12}$$

式中 H_x——任一点待求原地形标高，m；

H_a——位于低边等高线标高值，m；

x——该点至低边等高线的距离，m；

h——等高距，m；

L——过该点的相邻等高线间的最小距离，m。

用插入法求原地形标高一般有以下三种情况，如图 1.7 所示。

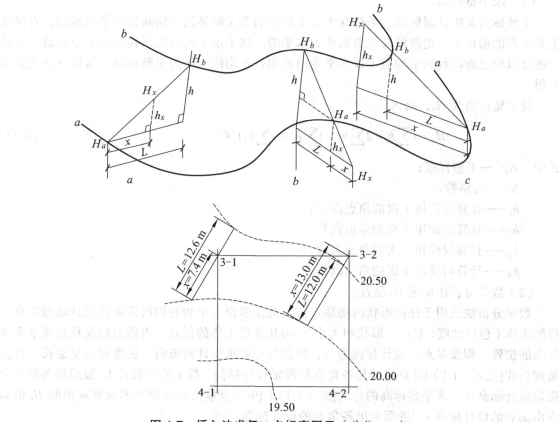

图 1.7 插入法求任一点标高图示（单位：m）

（1）待求点标高 H_x 在两等高线之间，如图 1.7（a）所示。

$$h_x : h = x : L \quad h_x = \frac{xh}{L} \quad 即，\ H_x = H_a + \frac{xh}{L} \tag{1.12-1}$$

（2）待求点标高 H_x 在两等高线上方，如图 1.7（c）所示。

$$h_x : h = x : L \qquad h_x = \frac{xh}{L} \qquad 即，H_x = H_a + \frac{xh}{L} \qquad （1.12\text{-}2）$$

（3）待求点标高 H_x 在两等高线下方，如图 1.7（b）所示。

$$h_x : h = x : L \qquad h_x = \frac{xh}{L} \qquad 即，H_x = H_a - \frac{xh}{L} \qquad （1.12\text{-}3）$$

在地形图上用插入法求出各角点原地形标高，或把方格网各角点原地形标高测出来后，记录到地形图上。

3. 确定设计标高

设计标高即为施工后所形成的标高。一般依设计意图，如地面的形状、坡向、坡度值等来确定。确定设计标高的方法如下：

（1）求平整标高。

平整标高又叫计划标高。平整在土方工程中的含义就是把一块高低不平的地面，在保证土方平衡的前提下，挖高填低使地面成为水平的。这个水平地面的高程就是平整标高。设计中通常以原地面高程的平均值（算术平均值或加权平均值）作为平整标高。常以下面公式来求得。

设平整标高为 H_0，则

$$H_0 = \left(\sum h_1 + 2 \sum h_2 + 3 \sum h_3 + 4 \sum h_4 \right) / 4N \qquad （1.13）$$

式中　H_0——平整标高；

　　　N——方格数；

　　　h_1——计算时使用 1 次的角点高程；

　　　h_2——计算时使用 2 次的角点高程；

　　　h_3——计算时使用 3 次的角点高程；

　　　h_4——计算时使用 4 次的角点高程。

（2）数学分析法确定 H_0 位置。

数学分析法适用于任何形状的场地定位。此法假设一个和我们所需要的设计地形完全一样的土体（包括坡度、坡向、形状和大小），再从这块土体的任意一点假设标高反过来求平整标高的位置。即设某点的设计标高为 x，根据场地要求设计的坡向、坡度和方格边长，再由坡度公式[见式（1.1）]计算出其他各角点的假定设计标高（带 x 的函数式），最后将各角点的假定设计标高代入求平整标高的公式[式（1.13）]中，就能由前面原地形标高求出的 H_0 值而求出某点的设计标高 x，进而求出各角点的设计标高。

4. 求施工标高

施工标高为施工高度，即挖土或填土的垂直高度：

施工标高＝原地形标高－设计标高

得数为正"＋"为挖方，得数为负"－"则为填方。也可理解为当原地形标高比设计标高大的时候需要挖掉多余方量，而反之则需要填补方量。

5.填写角点的相关数据

求得原地形标高、设计标高和施工标高后，应将这些数据填写到图上方格网的交叉点处。先对方格网进行编号（编号通常用行列来标示，如 1-1 标示为第一行第一个点），并在规定位置填入点号、设计标高、原地形标高和施工标高的数据。一般的各数据的书写位置如下：

施工高度（m）	设计标高（m）
角点编号	原地形标高（m）

6.确定零点线

当一个方格内同时有填方"－"或挖方"＋"时，需要找出零点线，作为填方和挖方的分界线。零点线是土方计算的重要依据之一，是由零点连接起来的，而零点即方格内不挖不填的点。零点的实质是设计标高和地面坡面的交点，可以通过填土高度与挖土高度及上述之间的间距通过作图或计算而获得，如图 1.8 所示。其位置可由下面公式求得

$$x = \frac{ah_1}{(h_1 + h_2)} \tag{1.14}$$

式中　x——零点距 h_1 一端的水平距离，m；

　　　h_1，h_2——方格相邻两点的施工标高绝对值，m；

　　　a——方格边长，m。

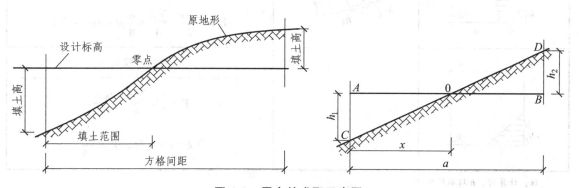

图 1.8　零点的求取示意图

7.土方计算

零点线为土方计算提供了填方和挖方的面积，而施工标高为计算提供了挖方和填方的高度。根据方格网中各个方格的填挖情况，分别计算出每个方格的土方量。由于零点线切割方格位置不同，从而形成各种形状的棱柱体。各种常见棱柱体及其计算公式见表 1.15。

表 1.15 土方量的方格网计算图、式

工程平面图	示意图	计算式
		零点线计算 $$b_1 = a\frac{h_1}{h_1+h_3}\ ;\quad b_2 = a\frac{h_3}{h_3+h_1}\ ;$$ $$c_1 = a\frac{h_2}{h_2+h_4}\ ;\quad c_2 = a\frac{h_4}{h_4+h_2}$$
		四点挖方或填方 $$V = \frac{a^2}{4}\sum h = \frac{a^2}{4}(h_1+h_2+h_3+h_4)$$
		三点挖方或填方 $$V = \left(a^2-\frac{bc}{2}\right)\frac{\sum h}{5} = \left(a^2-\frac{bc}{2}\right)\frac{h_1+h_2+h_4}{5}$$
		两点挖方或填方 $$V_+ = \frac{b+c}{2}a\frac{\sum h}{4} = \frac{a}{8}(b+c)(h_1+h_3)$$ $$V_- = \frac{d+e}{2}a\frac{\sum h}{4} = \frac{a}{8}(d+e)(h_2+h_4)$$
		一点挖方或填方 $$V = \frac{1}{2}bc\frac{\sum h}{3} = \frac{bch_3}{6}$$ 当 $b=c=a$ 时，$V = \frac{a^2h_3}{6}$

注：计算时，h 均取绝对值。

　　土方量的计算是一项繁琐、单调的工作，特别对大面积场地的平整工程，其计算量是很大的，费时费力，而且容易出错。为了节约时间和减少差错，可采用两种简单的计算方法：一是使用土方工程量计算表，既迅速又比较精确，有专门的《土方工程量计算表》可供参考；二是使用土方量计算图表，简单便捷，但相对精度较差。

　　例：如图 1.9 所示，某公园拟将一块场地平整为"T"字形广场，要求广场具有 1% 的纵坡，土方就地平衡，试求其设计标高并计算土方量。

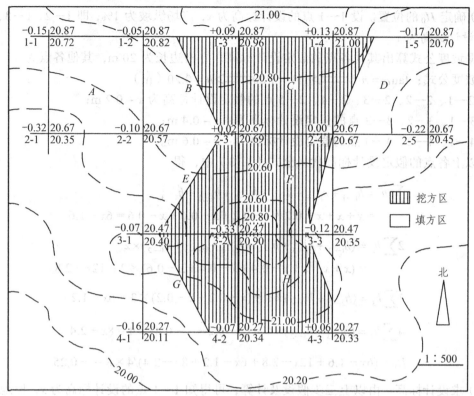

图 1.9 公园"T"字形广场土方量计算示意图

解：（1）求原地形标高。按正南北方向或根据场地具体情况决定，作边长为 20 m 的方格控制网，并将各角点进行编号。求原地形标高有两种办法：

① 将各角点测设到地面上，同时测量各角点的地面标高，并将标高值记在图纸上。

② 地形图比较精确时，用插入法由图上直接求得各角点的原地形标高，并标在图上相应位置（角点十字的右下角）。

（2）求平整标高。将原地形标高代入公式（1.13）中，得

$$\sum h_1 = h_{1-1} + h_{1-5} + h_{2-1} + h_{2-5} + h_{4-1} + h_{4-3}$$
$$= 20.72 + 20.70 + 20.35 + 20.45 + 20.11 + 20.33 = 122.66 \text{（m）}$$

$$2\sum h_2 = (h_{1-2} + h_{1-3} + h_{1-4} + h_{3-1} + h_{3-3} + h_{4-2}) \times 2$$
$$= (20.82 + 20.96 + 21.00 + 20.40 + 20.34 + 20.35) \times 2 = 247.74 \text{（m）}$$

$$3\sum h_3 = (h_{2-2} + h_{2-4}) \times 3 = (20.57 + 20.67) \times 3 = 123.72 \text{（m）}$$

$$4\sum h_4 = (h_{2-3} + h_{3-2}) \times 4 = (20.69 + 20.80) \times 4 = 165.96 \text{（m）}$$

由上面所求，取 $N = 8$，即得

$$H_0 - (122.66 + 247.74 + 123.72 + 165.96)/4 \times 8 = 20.62 \text{（m）}$$

20.62 m 就是所求平整标高。

（3）确定 H_0 的位置。设 1—1 点的设计标高为 x，广场纵坡为 1%，即 1—2、1—3、1—4、1—5 的设计标高为 x。

根据坡度公式算出其他各点的假定设计标高，方格边长为 20 m，其他各点为

由坡度公式：$\tan\alpha = h/L \Longrightarrow 1\% = h/20 \Longrightarrow h = 0.20$（m）

则 2—1、2—2、2—3、2—4、2—5 点的假定设计标高为 $x - 0.2$ m；

3—1、3—2、3—3 点的假定设计标高为：$x - 0.4$ m；

4—1、4—2、4—3 点的假定设计标高为：$x - 0.6$ m。

将以上各点的假定设计标高代入公式（1.13）中，得

$$\sum h_1 = h_{1-1} + h_{1-5} + h_{2-1} + h_{2-5} + h_{4-1} + h_{4-3}$$
$$= x + x + x - 0.2 + x - 0.2 + x - 0.6 + x - 0.6 = 6x - 1.6$$

$$2\sum h_2 = (h_{1-2} + h_{1-3} + h_{1-4} + h_{3-1} + h_{3-3} + h_{4-2}) \times 2$$
$$= (x + x + x + x - 0.4 + x - 0.4 + x - 0.6) \times 2 = 12x - 2.8$$

$$3\sum h_3 = (h_{2-2} + h_{2-4}) \times 3 = (x - 0.2 + x - 0.2) \times 3 = 6x - 1.2$$

$$4\sum h_4 = (h_{2-3} + h_{3-2}) \times 4 = (x - 0.2 + x - 0.4) \times 4 = 8x - 2.4$$

$$H_0 = (6x - 1.6 + 12x - 2.8 + 6x - 1.2 + 8x - 2.4)/4 \times 8 = -0.25$$

（4）求设计标高。由以上三步假设及计算，可得知 1—1 点的设计标高为 x，原地形计算出 H_0 值为 20.62，即 $x - 0.25 = 20.62$，得出 $x = 20.87$，再根据坡度公式即可推算出其余各角点的设计标高分别如下：1—2、1—3、1—4、1—5 点的设计标高为 20.87 m；2—1、2—2、2—3、2—4、2—5 点的设计标高为 20.67 m；3—1、3—2、3—3 点的设计标高为 20.47 m；4—1、4—2、4—3 点的设计标高为 20.27 m。求得各点设计标高后，应将各点设计标高填在图上相应位置（角点十字的右上角）。

（5）求各角点施工标高：

施工标高 = 原地形标高 − 设计标高

得数为正"+"为挖方，得数为负"−"则为填方。求得各点施工标高后，将各点施工标高填在图上相应位置（角点十字的左上角）。

（6）求各方格的零点，并绘出零点线。先将各方格编号，本例用英文字母编号（A、B、C、D、E、F、G、H）对每个方格进行编号。现以方格 B 为例，求其零点。1—2 的施工标高为 −0.05 m，1—3 点的施工标高为 +0.09 m，分别取其绝对值，代入公式（1.14）得

$$x = \frac{20 \times 0.05}{(0.05 + 0.09)} = 7.1 \approx 7 \text{（m）}$$

即零点位于距 1—2 点 7 m 处（或距 1—3 点 13 m 处）。同上，将所有方格零点位置求出，并依据地形的特点，将各点连接成零点线，把挖方区和填方区分开，以便后面土方量的计算。

（7）计算土方量。零点线将挖填方区分别开来，而施工标高为计算提供了挖填方的高度。根据这些条件就可用体积公式（见表 1.15）来求出各方格的土方量，并将计算结果填写到表中，见表 1.16。

表 1.16　土方量计算表

方格编号	挖方/m³	填方/m³	备　注
A		62.0	
B	4.4	9.0	
C	24.0		
D	3.9	24.2	挖方量－填方量 = 129.2 - 117.8
E	16.6	8.9	= 11.4 m³
F	24.5	2.0	考虑到土壤可松性的影响，土方基
G	22.0	10.4	本平衡
H	33.8	1.3	
总计	129.2	117.8	

第三节　土方的平衡与调配

　　挖填土方量经过计算后，在考虑挖方时因土壤松散而引起填方中体积的增加、地下构筑物施工余土和各种填方工程的需土后，整个工程的填方量和挖方量应当基本平衡。如果发现挖、填方的数量相差较大时，则需考虑余土或缺土的处理方法，甚至可能修改设计标高。若设计标高更改，就必须重新计算土方工程量。因此，土方平衡和调配工作时土方规划设计中的一项重要内容，其目的在于使土方运输量或土方成本最低的条件下，确定填方区和挖方区的调配方向和数量，从而达到缩短工期和提高经济效益的目的。

一、土方的平衡与调配原则

　　土方平衡是指在某地区的挖方数量和填方数量大致相当，达到相对平衡而非绝对平衡。进行土方平衡与调配，必须考虑现场情况、工程的进度、土方施工方法以及分期分批施工工程的土方堆放与调运问题。经过全面研究，确定平衡调配的原则后，才能着手进行土方的平衡与调配工作。

　　土方的平衡与调配原则有：

　　（1）挖方与填方基本达到平衡，减少重复倒运。

　　（2）挖（填）方量与运距的乘积之和（$\sum VL$）尽可能为最小，即总土方运输量或运费最小。

　　（3）分区调配与全场调配相协调，避免只顾局部平衡任意挖填，而破坏全局平衡。

　　（4）好土用在回填质量要求较高的地区，避免出现质量问题。

　　（5）土方调配应与地下构筑物的施工相结合，有地下设施的填土应留土后填。

（6）选择恰当的调配方向、运输路线、施工顺序，避免土方运输出现对流和乱流现象，同时便于机具调配和机械化施工。

（7）取土或弃土应尽量不占用园林绿地。

二、土方的平衡与调配的步骤和方法

土方调配的目的是要做出使土方运输量最小的最佳调运方案，在计算出土方的施工标高、填方区与挖方区的面积、土方量的基础上，划分出土方调配区；计算各调配区的土方量、土方的平均运距；确定土方的最优调配方案；绘制出土方调配图。具体步骤如下：

（1）划分土方调配区。在平面图上先划出挖、填方区的分界线，并在挖、填区分别划出若干个调配区，确定调配区的大小和位置。在划分调配区时应注意以下几点：

① 调配区应考虑填方区拟建设施的种类和位置，以及开工顺序和分期施工顺序。

② 调配区大小应满足土方施工主导机械（如铲运机、挖土机等）的技术要求（如行驶操作尺寸等），调配区的面积最好与施工段的大小相适应，调配区的范围要与土方工程量计算用的方格网协调，通常可由若干个邻近方格组成一个调配区。

③ 当土方运距较远或场地范围内土方调配不能达到平衡时，可根据附近地区的地形情况，考虑就近借土或弃土。此时任意一个借土区或弃土区都可作为一个独立的调配区。

（2）计算出各调配区的土方量并标于图纸上。

（3）计算各挖方调配区和各填方区之间的平均运距，即各挖方调配区重心至填方调配区重心之间的距离。一般当填、挖调配区之间的距离较远或运土工具沿工地道路或规定线路运土时，其运距按实际计算。所有填挖方调配区之间的平均运距均需要一一计算，并将计算结果列于土方平衡与运距表内（见表1.17）。

表 1.17 土方平衡与运距表

挖方区 ＼ 填方区	B_1	B_2	B_3	B_j	...	B_n	挖方量/m³
A_1	L_{11} X_{11}	L_{12} X_{12}	L_{13} X_{13}	L_{1j} X_{1j}		L_{1n} X_{1n}	a_1
A_2	L_{21} X_{21}	L_{22} X_{22}	L_{23} X_{23}	L_{2j} X_{2j}		L_{2n} X_{2n}	a_2
A_3	L_{31} X_{31}	L_{32} X_{32}	L_{33} X_{33}	L_{3j} X_{3j}		L_{3n} X_{3n}	a_3
A_i	L_{i1} X_{i1}	L_{i2} X_{i2}	L_{i3} X_{i3}	L_{ij} X_{ij}		L_{in} X_{in}	a_i
⋮							⋮
A_m	L_{m1} X_{m1}	L_{m2} X_{m2}	L_{m3} X_{m3}	L_{mj} X_{mj}		L_{mn} X_{mn}	a_m
填方量/m³	b_1	b_2	b_3	b_j	...	b_n	$\sum a_i = \sum b_j$

（4）确定土方最优调配方案。

（5）绘出土方调配图。土方调配图是施工组织设计不可缺少的依据，从土方调配图上可以看出土方调配的情况，如土方调配的方向、运距和调配的数量。根据上述计算结果，标出调配方向、土方量及运距（平均运距再加上施工机械前进、倒退和转弯必需的最短长度）。如图1.10所示。

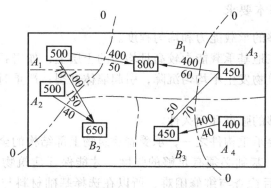

图1.10　矩形广场土方调配方案示意图

第四节　地基与基础简介

一、地基与基础的基本概念

1. 地基的分类

在建筑工程上，把建筑物与土层直接接触的部分称为基础。基础是建筑物的组成部分，它承受着建筑物的上部荷载，并将这些荷载传递给地基，如图1.11所示。

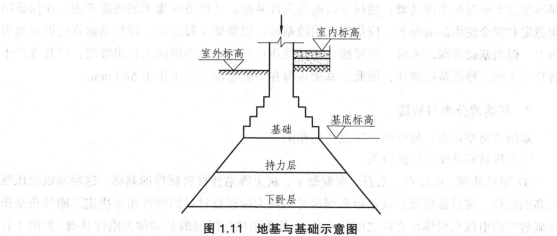

图1.11　地基与基础示意图

支承建筑物重量的土层叫地基，地基不是建筑物的组成部分。地基可分为天然地基和人工地基两类。凡天然土层本身具有足够的强度，能直接承受建筑荷载的地基称为天然地基。凡天然土层本身的承载能力弱，或建筑物上部荷载较大，须预先对土层进行人工加工或加固处理后才能承受建筑物荷载的地基称为人工地基。人工加固地基通常采用压实法、换土法、打桩法等。

2．地基与基础的基本要求

（1）地基应具有足够的承载能力和均匀程度。

建筑物应尽量建造在地基承载能力较高且均匀的土层上，如岩石、坚硬土层等。地基土质应均匀，否则会使建筑物发生不均匀沉降，引起墙体开裂；严重时还会影响建筑物的正常使用。

（2）基础应具有足够的强度和耐久性。

基础是建筑物的重要承重构件之一，承受着建筑物上部结构的全部荷载，是建筑物安全使用的重要保证。因此，基础必须有足够的强度，才能保证建筑物荷载可靠的传递。因基础埋于地下，房屋建成后检查与维修困难，所以在选择基础材料与结构形式时，应考虑其耐久性。

（3）经济技术要求。

基础工程造价占建筑工程总造价的 20%～40%，降低基础工程造价是减少建设总投资的有效途径。这就要求设计时尽量选择土质好的地段、优选地方材料、采用合理的构造形式、先进的施工技术方案，以降低消耗，节约成本。

二、基　础

1．基础的埋深

从设计室外地坪至基础底面的垂直距离称为基础的埋置深度，简称基础的埋深。基础埋深不超过 5 m 时称为浅基础，超过 5 m 时称为深基础。从经济和施工的角度考虑，在保证结构稳定和安全使用的前提下，应优先选用浅基础，以降低工程造价，即将基础直接做在地表面上。但当基础埋深过小时，有可能在地基受压后会把地基四周的土挤出隆起，使基础产生滑移而失稳，导致基础破坏，因此，基础埋深在一般情况下应不小于 500 mm。

2．基础的分类与构造

基础的类型很多，划分的方法也不尽相同。

（1）按材料及受力特点分类。

① 刚性基础。由砖石、毛石、素混凝土、灰土等刚性材料制作的基础，这种基础抗压强度高而抗拉、抗剪强度低。其基础底面尺寸的放大应根据材料的刚性角来决定。刚性角是指基础放宽的引线与墙体垂直线之间的夹角 α，凡受刚性角限制的基础称为刚性基础，如图 1.12 所示。

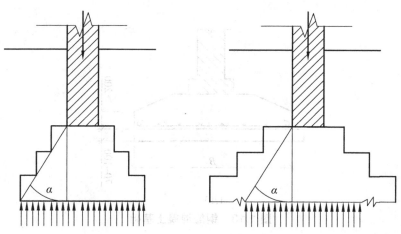

图 1.12　刚性基础

刚性角可以用基础放阶的级宽与级高之比值来表示。不同材料和不同基底压力应选用不同的宽高比。大放脚的做法一般采用每两皮砖挑出 1/4 与一皮 1/4 砖长相间砌筑。各种材料宽高比值详见表 1.18。

表 1.18　刚性基础台阶宽高比的允许值

基础材料	质量要求		台阶宽高比的允许值		
			$P \leqslant 100$ kN	100 kN $\leqslant P \leqslant 200$ kN	200 kN $\leqslant P \leqslant 300$ kN
混凝土基础	C10 混凝土		1 : 1.00	1 : 1.00	1 : 1.00
	C7.5 混凝土		1 : 1.00	1 : 1.25	1 : 1.50
毛石混凝土基础	C7.5 ~ C10 混凝土		1 : 1.00	1 : 1.25	1 : 1.50
砖基础	砖不低于 MU7.5	M5 砂浆	1 : 1.50	1 : 1.50	1 : 1.50
		M2.5 砂浆	1 : 1.50	1 : 1.50	
毛石基础	M2.5 ~ M5 砂浆		1 : 1.25	1 : 1.50	
	M1 砂浆		1 : 1.50		
灰土基础	体积比为 3 : 7 或 2 : 8 的灰土,其最小干密度为：黏质粉土 1.55 t/m³、黏土 1.45 t/m³		1 : 1.25	1 : 1.50	
三合土基础	体积比 1 : 2 : 4 ~ 1 : 3 : 6 (灰：砂：集料)，每层约虚铺 220mm，夯至 150mm		1 : 1.50	1 : 2.00	

② 非刚性基础。用钢筋混凝土制作的基础，也叫柔性基础，如图 1.13 所示。刚性混凝土的抗弯性能和抗剪性能良好，可在上部结构荷载较大、地基承载能力不高以及水平力和力矩等荷载的情况下使用。为了节约材料可将基础做成锥形但基础最薄处不得小于 200 mm 或做成阶梯形但每级步高为 300 ~ 500 mm，故适宜在基础浅埋的场合下采用。

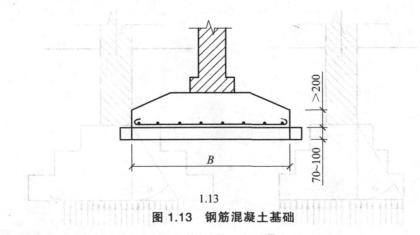

1.13

图 1.13 钢筋混凝土基础

2. 按构造形式分类

（1）独立基础。是独立的块状形式，常用断面形式有踏步形、锥形、杯形。适用于多层框架结构或厂房排架柱下基础，地基承载力不低于 80 kPa 时，其材料通常采用钢筋混凝土、素混凝土等。当柱为预制时，则将基础做成杯口形，然后将柱子插入并嵌固在杯口内，故称杯口基础。独立基础如图 1.14 所示。

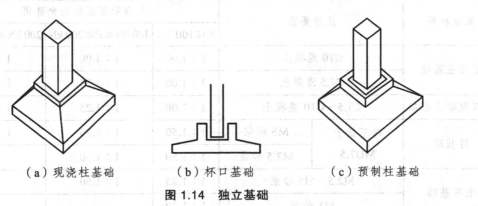

（a）现浇柱基础　　　（b）杯口基础　　　（c）预制柱基础

图 1.14　独立基础

（2）条形基础。是连续带形的，也称带形基础，一般分为两种形式。一种为墙下条形基础，一般用于多层混合结构的墙下，低层或小型建筑常用砖、混凝土等刚性条形基础，如图 1.15。如上部为钢筋混凝土墙，或地基较差、荷载较大时，可采用钢筋混凝土条形基础。另一种为柱下条形基础，因为上部结构为框架结构或排架结构，荷载较大或荷载分布不均匀，地基承载能力偏低，为增加基地面积或增强整体刚度，以减少柱子之间产生不均匀沉降，常将柱下钢筋混凝土条形基础沿纵横两个方向用基础梁互相连接成一体形成井格基础，故又称十字带形基础，如图 1.16 所示。

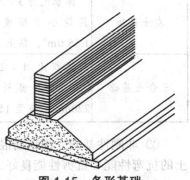

图 1.15　条形基础

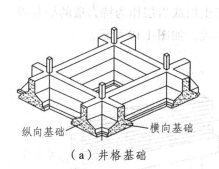
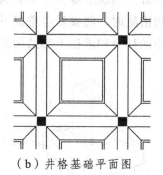

（a）井格基础　　　　　　　　（b）井格基础平面图

图 1.16　井格基础

（3）片筏基础。指建筑物的基础由整片的钢筋混凝土板组成，板直接作用于地基土。片筏基础的整体性能好，可以跨越基础下的局部软弱土。片筏基础常用于地基软弱的多层砌体结构、框架结构、剪力墙结构的建筑，以及上部结构荷载较大且不均匀或地基承载力低的情况，按其结构布置分为梁板式和无梁板式，其受力特点与倒置的楼板相似，如图 1.17 所示。

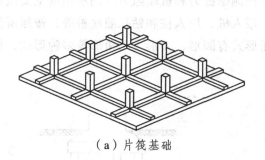
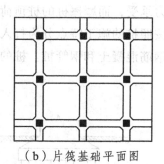

（a）片筏基础　　　　　　　　（b）片筏基础平面图

图 1.17　片筏基础

（4）箱形基础。当上部建筑物为荷载较大、对地基不均匀沉降要求严格的高层建筑、大型建筑以及软弱土地基上多层建筑时，为增加基础刚度，将地下室的底板、顶板和墙整体浇成箱形。箱形基础的刚性较大，且抗震性能好，有地下空间可以利用，可用于特大荷载且需设地下室的建筑，如图 1.18 所示。

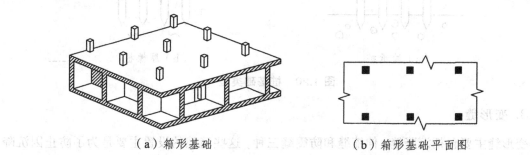
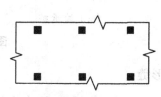

（a）箱形基础　　　　　　　　（b）箱形基础平面图

图 1.18　箱型基础

（5）桩基础。当浅层地基土不能满足建筑物对地基承载能力和变形的要求，而又不适宜采取地基处理措施时，就要看考虑以下部坚实土层或岩层作为持力层的桩基础。桩基础一般由设置于土中的柱身和承接上部结构的承台组成，如图1.19所示。

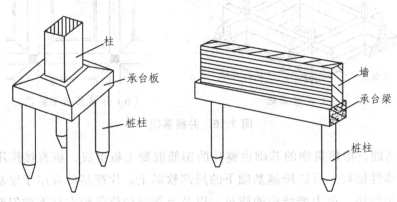

图1.19　桩基础组成

桩基础的类型很多，按照桩的受力方式可分为端承桩和摩擦桩，端承桩的桩顶荷载主要由桩端阻力承受，而摩擦桩的桩顶荷载由桩侧摩擦力和桩端阻力共同承担或主要由桩侧摩擦力承担；按照桩的施工特点分为打入桩、振入桩、压入桩和钻孔灌注桩等；按照所使用的材料可分为钢筋混凝土和钢管桩。桩的断面形式有圆形、方形、六角形等多种形式，如图1.20所示。

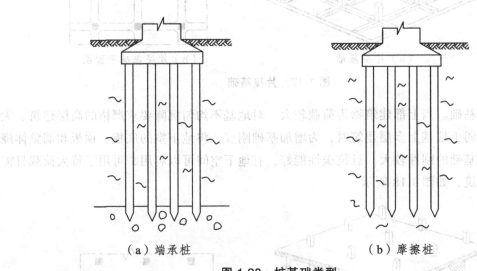

（a）端承桩　　　　　　　　　　　　　（b）摩擦桩

图1.20　桩基础类型

3. 变形缝

变形缝主要包括沉降缝、伸缩缝和防震缝三种，这些缝隙的设置主要是为了防止因沉降、热胀冷缩和地震的影响而造成建筑物或构筑物的损坏。

（1）基础沉降构造缝。

为了消除基础不均匀沉降，应按要求设置基础沉降缝，即从基础部分至上部分结构完全断开。通常需要设置沉降缝的情况如下：

① 当建筑物建造在不同的地基土壤上、两部分之间；

② 当同一建筑物的相邻部分高度相差两层以上或部分高度差超过10 m；

③ 当同一建筑相邻基础的结构体系、宽度和埋置深度相差悬殊；

④ 原有建筑物和新建建筑物紧相毗邻；

⑤ 建筑平面形状复杂，高度变化较大。

沉降缝的宽度与上部结构相同，基础由于埋在地下，缝内一般不填塞。条形基础的沉降缝通常采用双墙式和悬挑式做法，如图1.21所示。

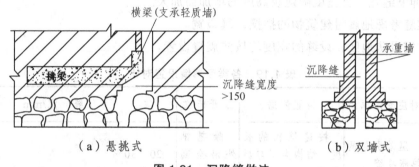

（a）悬挑式　　　　　　　　　　　　　　（b）双墙式

图1.21　沉降缝做法

（2）伸缩缝。

伸缩缝的设置是为防止由于温度引起的热胀冷缩而产生的破坏。其通常设置为自基础以上将建筑物的墙体、楼板层、屋顶等地面以上部分全部断开，如图1.22所示。基础部分因受温度变化影响较小，故不需断开。

① 伸缩缝的宽度：20～30 mm。

② 伸缩缝的最大间距：应根据不同材料的结构而定。

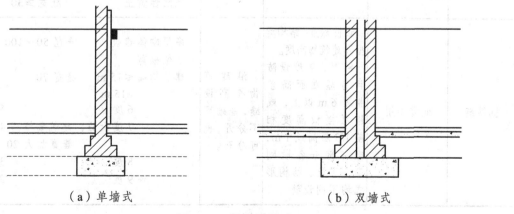

（a）单墙式　　　　　　　　　　　　　　（b）双墙式

图1.22　伸缩缝做法

（3）防震缝。

防震缝是为防止地震波对建筑物或构筑物的破坏而设置的，一般基础可不设防震缝，但与震动有关的建筑各相连部分的刚度差别很大时，也须将基础分开。防震缝宽度一般设置为 50 ~ 100 mm。需要设置防震缝的情况如下：

① 建筑物立面高差大于 6 m；

② 建筑物有错层，且楼板错层高差较大；

③ 建筑物各部分结构刚度、质量截然不同。

（4）变形缝比较（详见表 1.19）。

① 伸缩缝主要考虑建筑物上部的变形，缝宽最小。

② 沉降缝主要考虑垂直方向的变形，但缝两侧建筑在沉降过程中有可能发生微量倾斜，因而其缝较伸缩缝宽，且宽度随建筑高度的增加而加大。

③ 防震缝考虑地震时建筑物的摇摆，缝最宽。

④ 在抗震设防地区，设缝的宽度均按防震缝设置。

表 1.19　各类变形缝设置对比

变形缝类别	对应变形原因	设置依据	断开部位	缝　宽/mm	
伸缩缝	温差引起的热胀冷缩	按建筑物的长度、结构类型与屋盖刚度	除基础外沿全高断开	20 ~ 30	
沉降缝	建筑物相邻部分高差悬殊、结构形式变化大、基础埋深差别大、地基不均匀等引起的不均匀沉降	地基情况和建筑物高度	从基础到屋顶沿全高断开	一般地基 建筑物高<5 m	缝宽 30
				5 ~ 10 m	50
				10 ~ 15 m	70
				软弱地基	
				建筑物 2 ~ 3 层	缝宽 50 ~ 80
				4 ~ 5 层	80 ~ 120
				>6 层	> 120
				沉陷性黄土	缝宽 ≥30 ~ 70
抗震缝	地震作用	设防烈度、结构类型和建筑物高度。8 度、9 度设防且房屋立面高差相差 6 m 以上，或错层楼板高度相差 1/3 层高或 1 m，毗邻部分各段刚度、质量、结构形式均不同设缝	沿建筑物全高设缝，基础可不分开，也可分开。	多层砌体建筑 框架框剪	缝宽 50 ~ 100
				建筑物高 ≤15 m	缝宽 70
				>15 m	
				6 度	5 m
				7 度设防，建筑物增高 4 m，缝宽加大 20	
				8 度	3 m
				9 度	2 m

三、地基加固

所谓地基加固，就是对原有的地基进行加固处理，以提高地基的承载能力。园林工程中一般有以下几种加固措施：

（1）素土夯实。地基土挖深至比设计标高略为高一点时，可采用压实或夯实的方式使土层表面密实达到设计标高的要求，以此来改善土层的受力性能。

（2）砂石垫层。将基坑底部的土层（如淤泥软土、杂填土等）全部或者部分挖除，然后分层铺设砂、砂石混合料和低强度的混凝土，经分层振捣密实后达到设计标高，作为基础下的垫层。

（3）土的硅化加固。有三种工艺方法可以将土硅化加固：压力单液硅化法、压力双液硅化法和电动双液硅化法。压力单液硅化法是将硅酸钠溶液（水玻璃）用泵或压缩空气加压通过注液管压入土中；压力双液硅化法是将硅酸钠溶液与氯化钙溶液轮流压入土中；电动双液硅化法是在压力双液硅化法的基础上设置电极通入直流电进行加固。

（4）桩加固法。采用桩加固地基时最常见的做法。在园林工程中，一般采用耐水树种的木桩、砾桩、钢筋混凝土桩等。在软土类地基中还采用砂桩、水泥搅拌桩等。此外，地下水冰冻法只能冻结地下水的流动，起到改善施工条件的作用，而不能起到加固地基的作用。

（5）局部障碍物的处理。对于古墓穴，应将古墓穴中的松土杂物取出，分层回填 3∶7 灰土即可。若基底下有墙基、砖石构筑物、老灰土、树根、废旧管道时，应挖除至天然土为止，然后回填土与基底天然压缩性相近的材料或 3∶7 灰土，分层回填夯实。若障碍物无法拆除，则应由设计人员确定采用相应的构造措施进行处理。

练习与思考

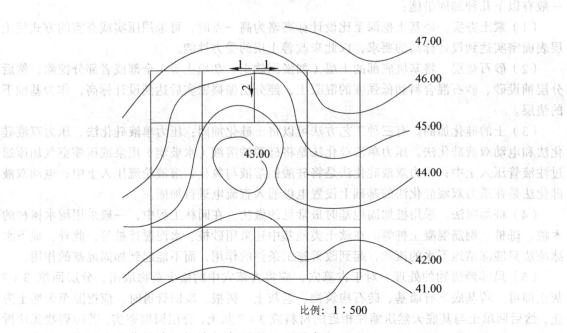

47.00
46.00
45.00
43.00
44.00
42.00
41.00

比例: 1:500

应用方格网法平整场地，场地如上图所示，要求如下：

1. 平整场地为环形两坡面三坡向，横坡 1%，纵坡 2%，方格边长为 20 m。
2. 计算出原地形标高；求出设计标高、施工标高；绘制出挖填方量计算图。
3. 计算填、挖方土方量，填写土方量计算表。
4. 土方就地平衡，绘制土方平衡表和调配图。

园林地形设计

【本章任务】 通过本章学习，了解园林地形的概念，熟悉园林地形的表达方式，掌握园林地形的设计方法，能够进行微地形设计。

地形设计在设计中应用很广，特别是园林设计中，是最常用的设计手法之一。在大型的项目中，挖湖堆山，打造山水地形骨架，创造逶迤起伏的地形效果；小到十几平方米的绿地，也可能通过堆填几十公分高的微地形，营造出丰富的软质视觉层次和创造不同的活动空间。

第一节　园林地形概述

园林地形，是指园林绿地中地表面各种起伏形状的地貌。园林地形作为造园的骨架，是园林空间的构成基础，与园林性质、形式、功能与景观效果有直接关系，也涉及园林的道路系统、建筑与构筑物、植物配植等要素的布局。园林地形处理是园林规划设计的关键。在规则式园林中，一般表现为不同标高的地坪、层次；在自然式园林中，往往因为地形的起伏，形成平原、丘陵、山峰、盆地等地貌。

一、园林地形分类

在自然界中，地形地貌又分为以下几种类型：山谷、高山、丘陵、草原及平原、土丘、台地、斜坡、平地，或者因台阶和坡道所引起的水平面的变化。

1. 平坦地形

平坦地形是组织开敞空间的有利条件，也是游人集中、疏散的地方。如在现代公园中，游人量大而集中，活动内容丰富。大规模散布的建筑、停车场和娱乐设施最适合安置在水平地形上。抽象几何形和标准模式的图形也容易安置在水平地形上。

平地面积须占全园面积的 30% 以上，且需有一二处较大面积的平地。平地要有 5% 以上的排水坡度，以免积水。自然式园林中的平地面积较大时，可有起伏的坡度，坡度为 1%~7%。坡地的坡度要在土壤的安息角内，一般为 20%，如有草皮护坡也不超过 25%。

平坦地形具有的特点：① 简明，稳定；② 静态，非移动性；③ 空旷，暴露；④ 统一协调感；⑤ 多方向特性（见图 2.1~2.4）。平坦地形是所有地形中最简明、最稳定的地形，给人一种舒适和踏实的感觉；但也缺少私密感和三维性，无焦点，景观趣味少，易流于单调。相对而言，平地具有中性景观特性，规划限制性小，天空是其关键性设计要素，可形成丰富的景致。

图 2.1　水平地形的性质

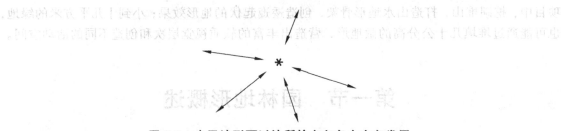

图 2.2　水平地形可以让所给点向各个方向发展

图 2.3　水平地形自身不能形成私密空间限制

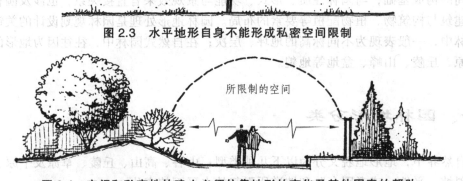

图 2.4　空间和私密性的建立必须依靠地形的变化及其他因素的帮助

（1）平坦地形造景设计。

① 平地规划项目主要有建筑用地、集散广场、露天剧场、体育运动场、停车场、花坛群、草坪等。

② 在平地上进行挖湖堆山，平地是山地和水体的过渡。

③ 平地可作为统一协调园林景观的要素（见图 2.5）。

图 2.5　水平的形状与水平的地形协调性

④ 平地有利于营造植物景观。

⑤ 注意平地排水问题。

（2）平地造景的特点。

① 平地适宜作单元结构、晶体结构或几何形规划，如图 2.6 所示。

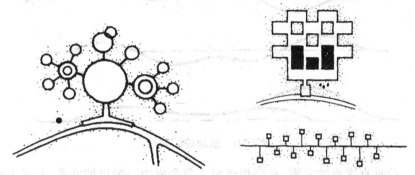

图 2.6　平地适宜作单元结构、晶体结构或几何形规划

② 在平坦以至于单调的地方，须充分利用地形条件，如图 2.7 所示。

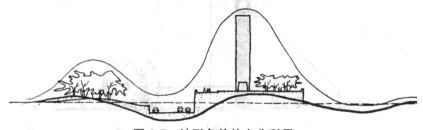

图 2.7　地形条件的充分利用

③ 在无尺度的平面上，尺度可以由人创造，如图 2.8 所示。

图 2.8　地形尺度的创造

④ 在平地上，凹坑、土丘和垂直形体具有重要意义，如图 2.9 所示。

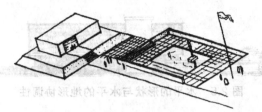

图 2.9　凹坑、土丘和垂直形体的表达

⑤ 新地貌可能创造出现状地形经常缺乏的雕塑感，如图 2.10 所示。

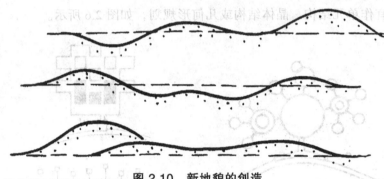

图 2.10　新地貌的创造

⑥ 任何一种垂直线形的元素，在平坦地形上都会成为一突出的元素，并成为视线的焦点，如图 2.11 所示。

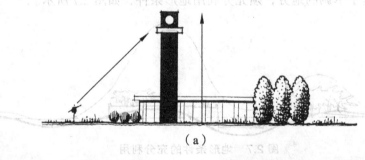

（a）

（b）　　　　　　　　　　　　　（c）

图 2.11　垂直形状与水平地形的对比

2．凸地形

凸地形视线开阔，具有延伸性，空间呈发散状。凸地形是良好的观景之地，同时地形高处的景物往往突出、明显，因此又是良好的造景之地。其表现形式有土丘、丘陵、山峦及小山峰。这是一种正向实体，同时是一负向的空间；是一种具有动态感和进行感的地形，代表权利和力量的因素，如图 2.12 所示。

（a） （b）

图 2.12 凸地形

（1）凸地形的特点：① 具支配地位；② 外向性；③ 调节小气候。山脊的应用尤其显著，由山脊顶部沿山脊线布置建筑、道路和停车场。

（2）控制视线的出入和空间营造，如图 2.13 所示。

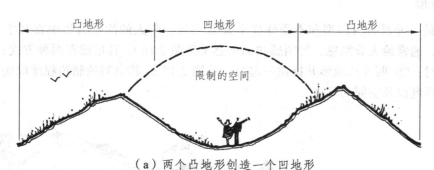

（a）两个凸地形创造一个凹地形

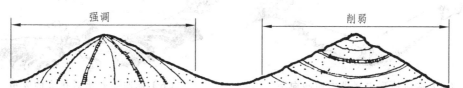

（b）垂直于等高线的地形强调了凸地形，而平行于等高线的地形削弱凸地形

图 2.13 空间的创造

（3）可提供观察周围环境的更广泛的视野，如图 2.14 所示。

（a）凸地形提供了视野的外向性

（b）凸地形提供更广泛的视野

图 2.14

3. 凹地形

凹地形是一种具有内向型和不受外界干扰的空间，将人的注意力集中在其中心或底层（见图 2.15），通常给人分割感、封闭感和私密感（见图 2.16）。其形成有两种方式：① 某一区域被挖掘时；② 两片凸地形并排在一起时（见图 2.17）。其空间的制约程度取决于周围坡度的陡峭和高度以及空间的宽度。

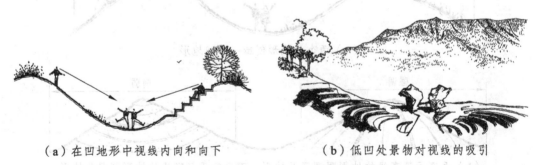

（a）在凹地形中视线内向和向下　　　　　　　（b）低凹处景物对视线的吸引

图 2.15

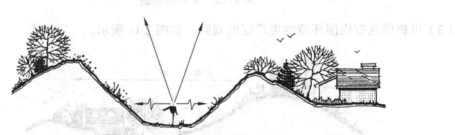

图 2.16　地形的边封闭了视线，造成孤立感和私密感

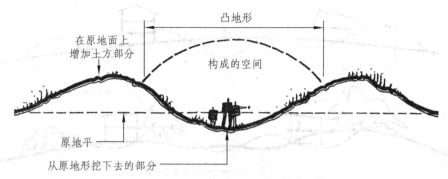

图 2.17　在平地上创造凸地形的方法

凹地形特点：① 具有内向性，不受外界干扰；② 独特的小气候。山谷是典型的凹地形。谷地属于敏感的生态和水文地域，常伴有小溪、河流以及相应的泛滥区。谷地底层的土地肥沃，是农作物高产区。因此，在谷地中修建道路和进行开发时，必须倍加小心，以便避开那些潮湿区域、生态敏感区域。

4．微地形

专指一定园林绿地范围内植物种植地的起伏状况。其具有动态的景观特性，为景致增添了情趣，同时还能创造出许多很珍贵的水景。

（1）对外环境的小气候具有明显的调节作用（见图 2.18）。

图 2.18　凹的东西向边可以防御冬季寒风的侵袭

（2）微地形塑造作用（见图 2.19）。

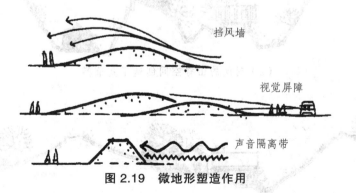

图 2.19　微地形塑造作用

（3）微地形设计方案比较。

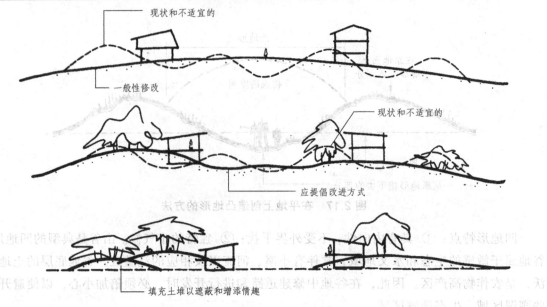

图 2.20 微地形设计方案比较

二、地形的作用

1．美学作用

（1）地形对任何规模景观的韵律和美学特征有着直接的影响。

平坦地区：具有一种强烈的视觉连续性和统一感。

丘陵和山地：产生一种分割感和孤立感。在丘陵或山区内，山谷（低点）和山脊（高点）的大小和间距也能直接影响景观的韵味（见图 2.21）。

（a）封闭的山脊空间创造了高节奏

（b）宽敞的山脊空间创造了低节奏

图 2.21 地形节奏营造

（2）各类型的地形还能直接影响与之共存的造型和构图的美学特征[见图 2.22（a）、（b）]。

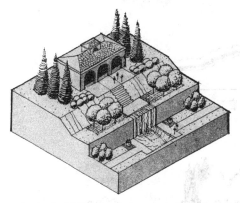

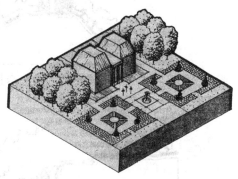

（a）台地上的意大利文艺复兴花园　　　（b）水平地形上的法国文艺复兴花园

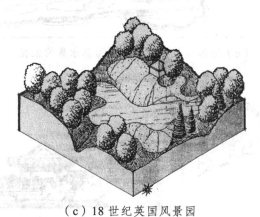

（c）18 世纪英国风景园

图 2.22　各种地形造园

2. 地形的骨架作用

地形是连接园林景观中所有因素和空间的主线，是构成园林景观的基本骨架。建筑、植物、落水等景观常常都以地形作为依托（见图 2.23）。

（a）地形作为植物景观的依托，地形的起伏产生了林冠线的变化

（b）地形作为园林建筑的依托，形成起伏跌宕的建筑立面和丰富的视线变化

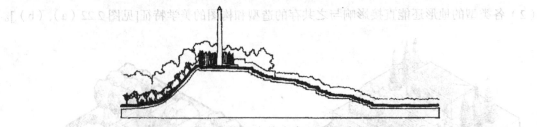

（c）地形作为纪念性内容气氛渲染的手段

（d）地形作为瀑布山洞等园林水景的依托

立面

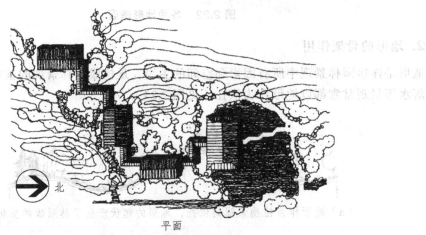

北

平面

（e）依山而建的园林建筑

图 2.23　园林地形的骨架作用

　　要确定需要处理和改造的坡面，需要在踏看和分析原地形的基础上作出地形坡级、地形排水类型图，根据设计要求决定所采用的措施。当地形过陡、空间局促时可设挡土墙；

较陡的地形处，可在坡顶设排水沟，在坡面上种植树木、覆盖地被物，布置一些有一定埋深的石块（若在地形谷线上，石块应交错排列等）。在设计中应将这些措施和造景结合起来考虑。

在有景可赏的地方可利用坡面设置坐息、观望的台阶；将坡面平整后可做成主题或图案的模纹花坛或树篱坛，以获得较佳的视角；也可利用挡土墙做成落水或水墙等水景，挡墙的墙面应充分利用起来，精心设计成与设计主题有关的叙事浮雕、图案，或从视觉角度入手，利用墙面的质感、色彩和光影效果，丰富景观。

3. 地形的空间塑造作用

利用地形可以有效地、自然地划分空间，使之形成不同功能或景色特点的区域。在此基础上若再借助于植物则能增加划分的效果和气势。利用地形划分空间应从功能、现状地形条件和造景几方面考虑，它不仅是分隔空间的手段，而且还能获得空间大小对比的艺术效果（见图 2.24）。有三个可变因素会影响地形空间感，如图 2.25 所示。

一方面通过地形控制视线来分隔空间，创造或开敞或封闭的各色空间；另一方面地形还可构成空间系列，引导游线。

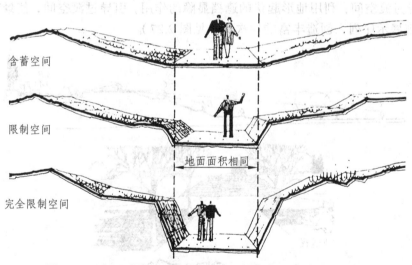

含蓄空间

限制空间

地面面积相同

完全限制空间

图 2.24　在不改变底面积的情况下创造出不同的空间限制

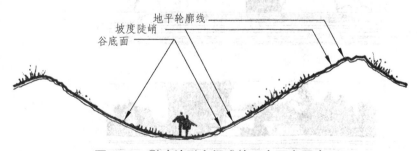

地平轮廓线

坡度陡峭

谷底面

图 2.25　影响地形空间感的三个可变因素

（1）分隔空间：地形有一定高差能起到阻挡视线和分隔空间的作用（见图 2.26）。

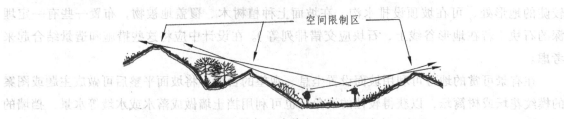

（a）空间感和其限制变化随着人们的位置改变而变化

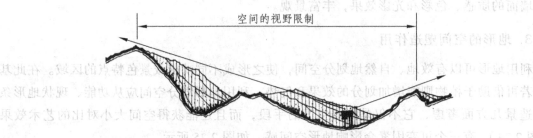

（b）地平轮廓线对空间的限制

图 2.26　地形分割空间的表现

（2）引导过渡空间：利用地形起伏的遮挡显隐的作用，引导过渡空间，使景观逐步展现，形成不同景观展示序列，创造丰富的层次美（见图 2.27）。

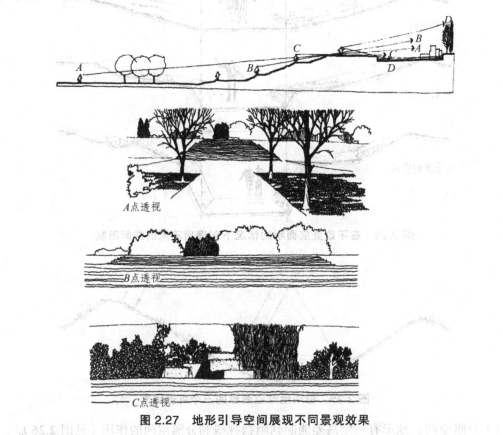

A点透视

B点透视

C点透视

图 2.27　地形引导空间展现不同景观效果

4. 地形的背景作用

地形的坡面均可作为景物的背景，但应处理好其与景物和视距之间的关系，尽量通过视距的控制保证景物和作为背景的地形之间有较好的构图关系，如图 2.28、2.29 所示。

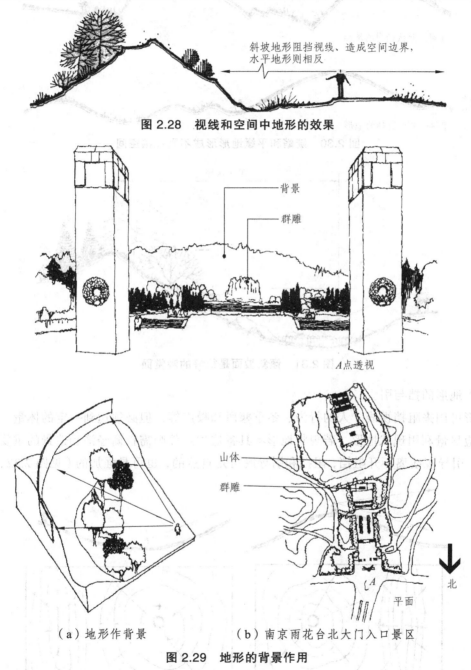

斜坡地形阻挡视线、造成空间边界、水平地形则相反

图 2.28　视线和空间中地形的效果

背景

群雕

A点透视

山体

群雕

北

平面

（a）地形作背景　　　　（b）南京雨花台北大门入口景区

图 2.29　地形的背景作用

5. 地形和视线

地形的起伏不仅丰富了园林景观，而且还创造了不同的视线条件，形成了不同风格的空间（见图 2.30、2.31）。

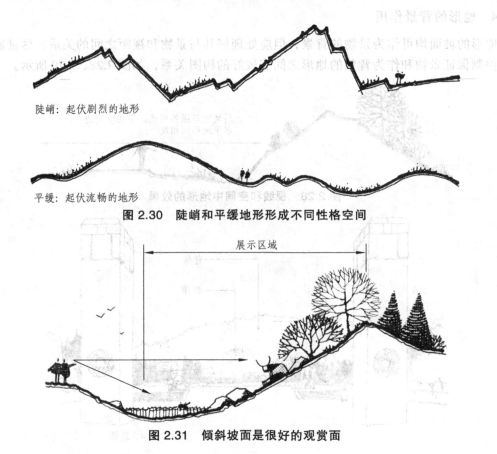

陡峭：起伏剧烈的地形

平缓：起伏流畅的地形

图 2.30　陡峭和平缓地形形成不同性格空间

展示区域

图 2.31　倾斜坡面是很好的观赏面

（1）地形的挡与引。

地形可用来阻挡视线、人的行为、冬季寒风和噪声等，但必须达到一定的体量。地形的挡与引应尽量利用现状地形，若现状地形不具备这种条件则需权衡经济和造景的重要性后采取措施。引导视线离不开阻挡，阻挡和引导既可是自然的，也可是强加的（见图 2.32、2.33）。

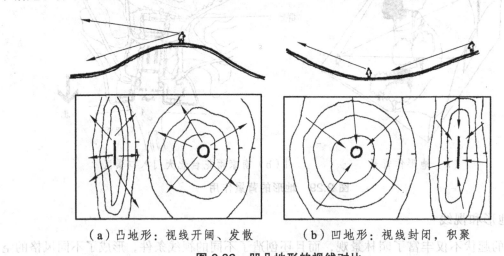

（a）凸地形：视线开阔、发散　　　（b）凹地形：视线封闭，积聚

图 2.32　凹凸地形的视线对比

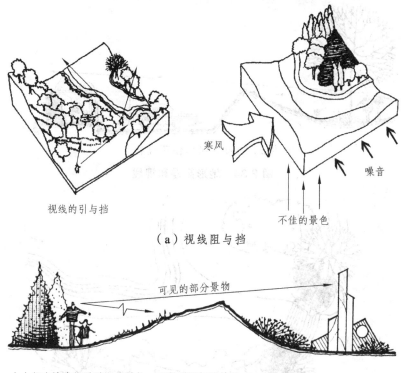

视线的引与挡

寒风

噪音

不佳的景色

（a）视线阻与挡

可见的部分景物

上山部分地障住吸引人的景物，而得到预想的效果

（b）视线引导

图 2.33　地形对视线的引导与阻挡

（2）地形的高差和视线。

若地形具有一定的高差则能起到阻挡视线和分隔空间的作用。在设计中如能使被分隔的空间产生对比或通过视线的屏蔽，安排令人意想不到的景观，从而达到一定的艺术效果。对于过渡段的地形高差，若能合理安排视线的挡引和景物的藏露，也能创造出有意义的过渡地形空间（见图 2.34、图 2.35、图 3.36）。

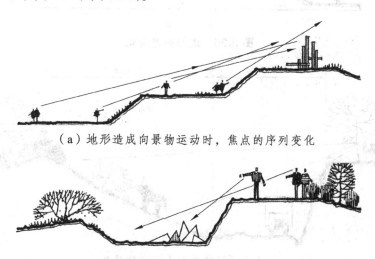

（a）地形造成向景物运动时，焦点的序列变化

（b）在一定距离内，山头障住视线，到边沿才能看见景物

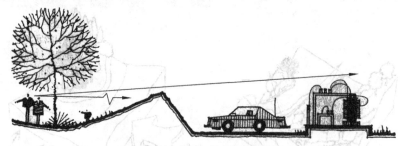

（c）地形凸起挡住不悦物

图 2.34　地形高差和视线

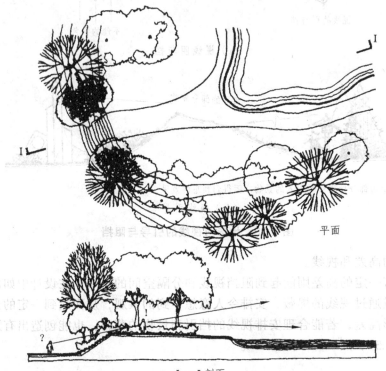

平面

I—I剖面

图 2.35　地形高差变化

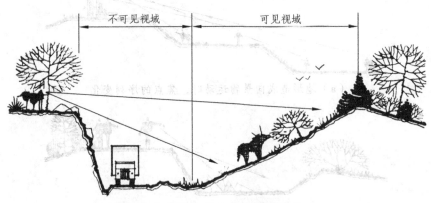

（a）山顶障住看向山谷底的景物

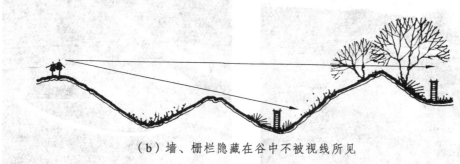

（b）墙、栅栏隐藏在谷中不被视线所见

（c）构筑物可安置在制高点上，若要与景观融为一体，则不能安放在顶上

图 2.36 利用地形高差阻挡视线做法

6. 地形的功能作用

（1）地形造景作用。

在地形设计中首先考虑的是对原地形的利用。结合基地的调查和分析的结果，合理安排各种坡度要求的内容，使之与基地地形条件相吻合，正如《园冶》所论："高方欲就亭台，低凹可开池沼"，利用现状地形稍加改造即成园景（见图 2.37）。

地形设计的另一个任务就是进行地形改造，使改造后的基地地形条件满足造景的需要，满足各种活动和使用的需要，并形成良好的地表自然排水类型，避免过大的地表径流。地形改造应与园林总体布局同时进行，对地形在整体环境中所起的作用、最终所达到的效果应心中有数。

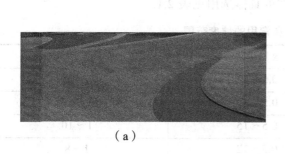

（a）

（b）

（c）

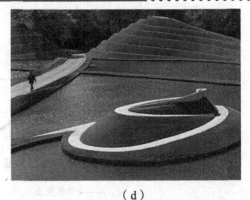
（d）

图 2.37　地景景观

（2）地形的工程作用。

地形可看作由许多复杂的坡面构成的多面体。地表的排水由坡面决定，在地形设计中应考虑地形与排水的关系、地形及排水对坡面稳定性的影响。地形过于平坦不利于排水，容易积涝，破坏土壤的稳定，对植物的生长、建筑和道路的基础不利。因此应创造一定的地形起伏，合理安排分水和汇水线，保证地形具有较好的自然排水条件，既可以及时排除雨水，又可避免修筑过多的人工排水沟渠。但是，若地形起伏过大或坡度不大但同一坡度的坡面延伸过长时，则会引起地表径流、产生坡面滑坡，见图 2.38。

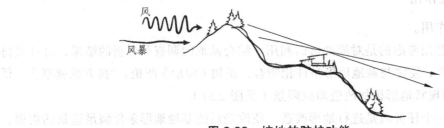

图 2.38　坡地的防护功能

（3）坡度。

在地形设计中，地形坡度不仅关系到地表面的排水、坡面的稳定，还关系到人的活动、行走和车辆的行驶（见图 2.39）。一般来讲，坡度小于 1% 的地形易积水；坡度介于 1% ~ 5% 的地形排水较理想，如停车场、运动场等；坡度介于 5% ~ 10% 的地形仅适合安排用地范围不大的内容，但这类地形的排水条件很好，而且具有起伏感；坡度大于 10% 的地形只能局部小范围地加以利用（见图 2.40）。道路常用坡度具体选用见表 2.1。

表 2.1　极限和常用的坡度范围

内　　容	极限坡度	常用坡度
主要道路	0.5 ~ 10	1 ~ 8
次要道路	0.5 ~ 20	1 ~ 12
服务车道	0.5 ~ 15	1 ~ 10
边道	0.5 ~ 12	1 ~ 8

续表2.1

内　　容	极限坡度	常用坡度
入口道路	0.5～8	1～4
步行坡道	≤12	≤8
停车坡道	≤20	≤15
台　阶	15～50	33～50

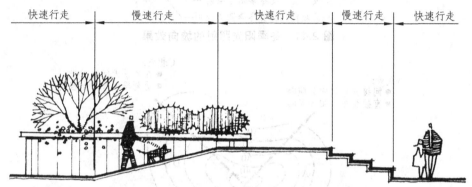

图2.39　游人行走的速度受地面坡度的影响

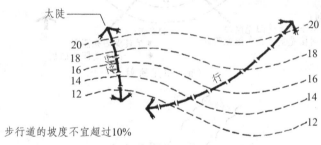

步行道的坡度不宜超过10%

（a）坡度陡缓图示

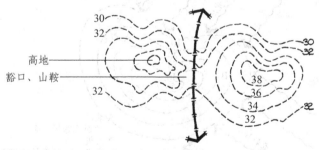

（b）穿越山地最好从山鞍部通过

图2.40　山坡利用图示

（4）创造小气候环境。

坡度复杂多变的地形组合创造宜人的小气候环境，改变光照、风向以及降雨量，如图2.41、图2.42、图2.23所示。

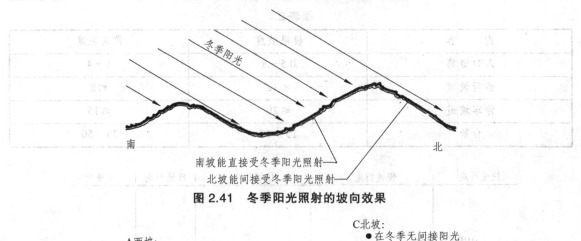

冬季阳光

南　　　　　　　　　　　　　北

南坡能直接受冬季阳光照射
北坡能间接受冬季阳光照射

图 2.41　冬季阳光照射的坡向效果

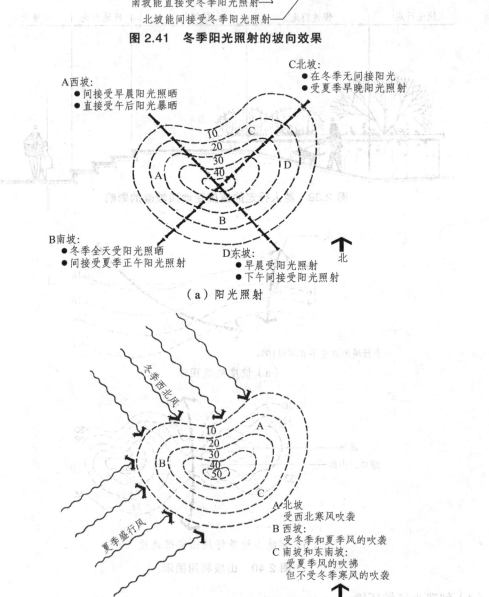

A西坡：
● 间接受早晨阳光照晒
● 直接受午后阳光暴晒

C北坡：
● 在冬季无间接阳光
● 受夏季早晚阳光照射

B南坡：
● 冬季全天受阳光照晒
● 间接受夏季正午阳光照射

D东坡：
● 早晨受阳光照射
● 下午间接受阳光照射

（a）阳光照射

冬季西北风

夏季盛行风

A北坡
　受西北寒风吹袭
B西坡：
　受冬季和夏季风的吹袭
C南坡和东南坡：
　受夏季风的吹拂
　但不受冬季寒风的吹袭

（b）温带地区坡向受风吹拂效果图

图 2.42　阳光照射和风向对地形形成小气候的影响

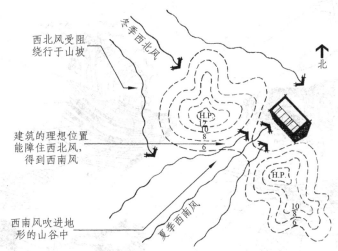

图 2.43 地形可使建筑得到或障去风

三、地形造景

1. 中国传统园林地形造景手法

（1）缀山（假山）。

园林假山乃模仿、凝炼具有能愉悦身心的林泉丘壑之优美景致的真山而作，因而多看、细品自然界之真山类型及造型殊为重要。缀山的类型主要有土山、石山和土石山三种。其中土石山由土石结合堆成，应用最多。土石山有两种方法堆筑，分别是外石内土（石包土）和外土内石（土包石）。前者是我国古典园林造园叠山的普遍做法；后者多见于日本庭园和现代园林造园叠山。

（2）置石。

主要展现石材的个体美或山体局部景观，有特置、散置、群置三种形式。

2. 现代地形造景的手法

（1）点线面基本构成元素的应用。用点状地形加强场所感、用线状地形创造连绵的空间，见图 2.44。

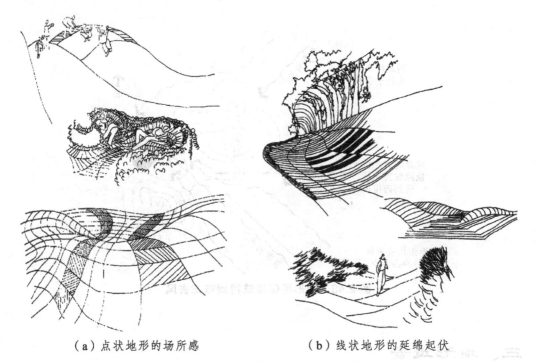

（a）点状地形的场所感　　　　（b）线状地形的延绵起伏

图 2.44　地形创造（法·雅克·西蒙）

（2）将地形做成诸如圆（棱）锥、圆（棱）台、半圆环体等规则的几何形体，像抽象雕塑一样，与自然景观产生鲜明的视觉对比效果，如图 2.45、图 2.46、图 2.47 所示。

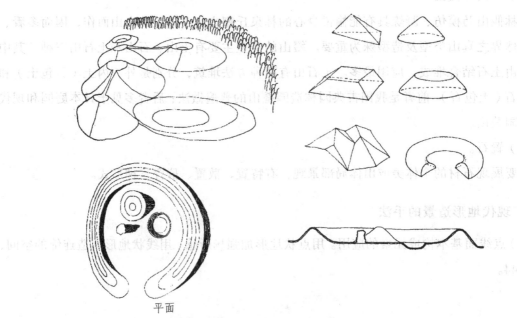

平面

图 2.45　规则几何地形

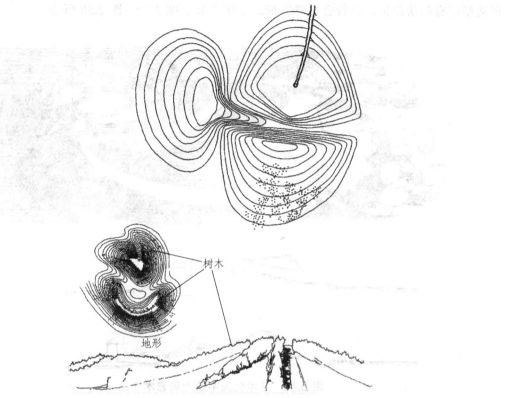

图 2.46　流畅自然的曲面地形

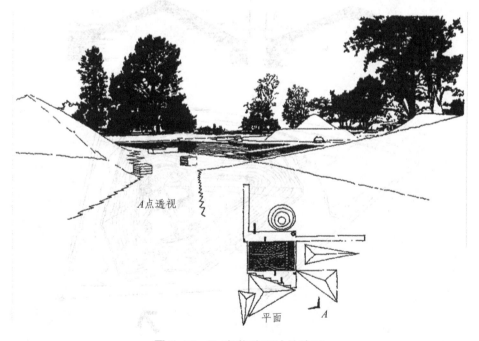

图 2.47　E.克莱默设计的诗园

（3）微地形的利用与处理：利于地形排水、平衡土方；易创造优美、细腻的景观。微地形造型应有起伏曲折，以符合自然特征，如图 2.48、图 2.49、图 2.50 所示。

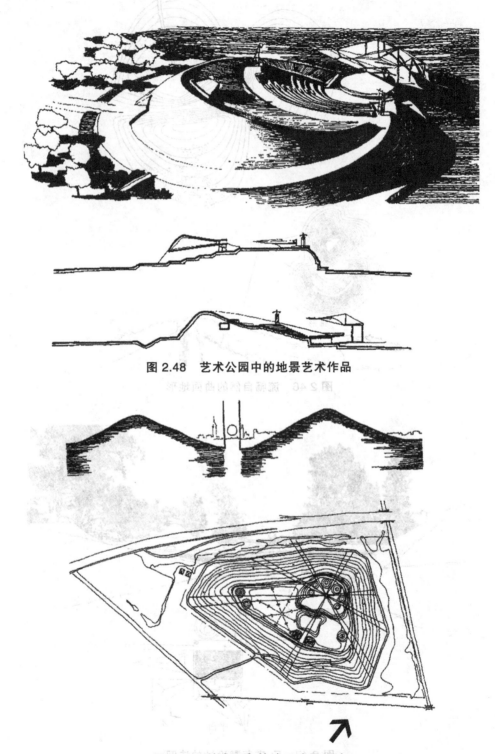

图 2.48　艺术公园中的地景艺术作品

图 2.49　结合天象的地形造景设计

图 2.50　"抽象化的山"（阿森纳·塔卡）

第二节　地形的表现方法

一、等高线表现法

1. 等高线的概念

等高线是一组垂直间距相等、平行于水平面的假想面与自然地貌相交切所得到的交线在平面上的投影。给这组投影线标注上数值，便可用它在图纸上表示地形的高低陡缓、峰峦位置、坡谷走向及溪池的深度等内容，见图 2.51。

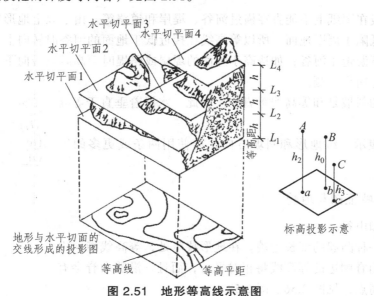

图 2.51　地形等高线示意图

2. 等高线的特性

（1）位于同一条等高线上的所有的点，其高程都相等。

（2）每一条等高线都是闭合的。任意一条等高线都是连续曲线，它们在地形图内或超出这个范围构成闭合的曲线，如图5.52、图5.53所示。

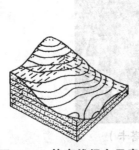 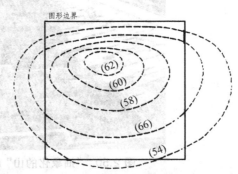

图5.52　等高线闭合示意　　　　图5.53　由于地图或图形限制，闭合不一定产生

（3）等高线水平间距的大小，表示地形的缓或陡。如疏则缓，密则陡。等高线间距相等，表示该坡面的角度相同；如果该组等高线平直，则表示该地形是一处平整过的同一坡度的斜坡。即间距相等的等高线意味着一个变化均匀或恒定的斜坡。

（4）等高线一般不相交或重叠，只有在悬崖处等高线才有可能出现相交的情况。在某些垂直于地平面的峭壁、地坎或挡土墙驳岸处等高线才会重合在一起，见图2.54。

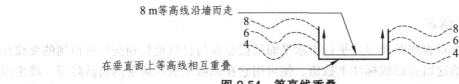

8 m等高线沿墙而走

在垂直面上等高线相互重叠

图2.54　等高线重叠

（5）等高线在图纸上不能直穿横过河谷、堤岸和道路等。由于以上地形单元或构筑物在高程上高出或低陷于周围地面，所以等高线在接近低于地面的河谷时转向上游延伸，而后穿越河床，再向下游走出河谷；如遇高于地面的堤岸或路堤时等高线则转向下方，横过堤顶再转向上方而后走向另一侧。

（6）最陡的斜坡是和等高线垂直的。因此，水沿着垂直于等高线的方向流动。

另外，为表示三维地形和斜坡方向，需使用两条或更多的等高线。

3．等高线特征图与地貌

（1）山脊和山谷。

山脊就是一种凸起的细长地貌。在地形狭窄处，等高线指向山下方向。沿着山脊侧边的等高线将相对平行，而且，沿着山脊会有一个或几个最高点，见图2.56、图2.58。

山谷是长形的凹地，并在两个山脊之间形成空间。山脊和山谷必须相连，因为山脊的边坡形成山谷壁。山谷由指向山顶的等高线表示，见图2.57。

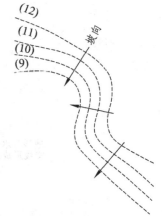

图2.55　水流沿垂直于等高线的方向流动

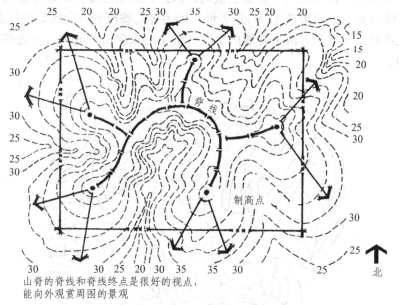

山脊的脊线和脊线终点是很好的视点，
能向外观赏周围的景观

图 2.56　山脊最高点视线分析

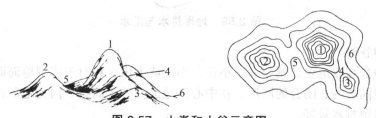

图 2.57　山脊和山谷示意图

1—主峰；2—次峰；3—配峰；4—山脊；5—山谷；6—山麓

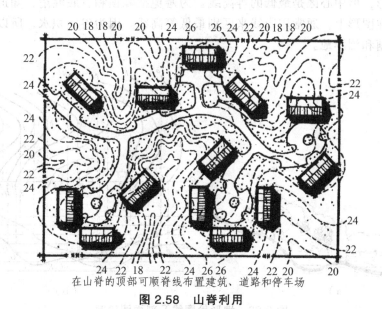

在山脊的顶部可顺脊线布置建筑、道路和停车场

图 2.58　山脊利用

对于山脊和山谷，其等高线形状是相似的，因此，标出坡度方向是非常重要的。在某种情况下，等高线会改变方向形成 U 形或 V 形。因为等高线改变方向的是较低点，所以 V 形经常和山谷联系起来。水沿着两个斜坡的交汇处汇集起来向山下流动，在底部形成天然排水沟，见图 2.59。

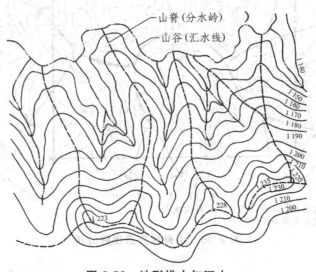

图 2.59 地形排水与汇水

（2）峰顶和谷底。

峰顶是一种最高点地貌，例如一座小丘、小山或大山，相对于周围地面而言有一个最高点。等高线构成同心的、闭合的图形，在中心区是最高的等高线。因为地形在各个方向都向下倾斜，因此峰顶排水最好。

相对周围地面而言存在一个最低点，这种地貌称为谷底。在谷底，等高线再次形成同心的、闭合的图形，但中心区是最低的等高线。为避免把峰顶和谷底混淆，知道高程变化方向是很重要的。在图形上，通常用影线来区别最低等高线。因为谷底积水，所以形成了一些典型的湖泊、池塘和沼泽地。

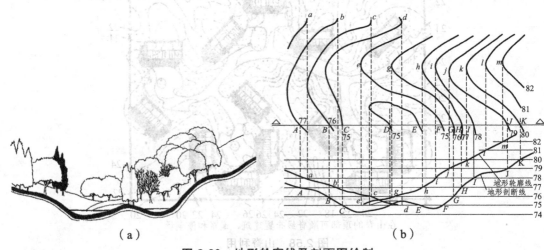

（a） （b）

图 2.60 地形轮廓线及剖面图绘制

（3）凹面和凸面斜坡。

凹面斜坡的一个明显特点是沿着山脚方向等高线间距越来越大，这说明在高度较高处斜坡陡，而在低处斜坡逐渐变得平缓。

凸面斜坡和凹面斜坡正好相反，换句话说，沿着山脚方向的等高线间距越来越小。斜坡在高处平缓而在低处逐渐变陡，见图5.61。

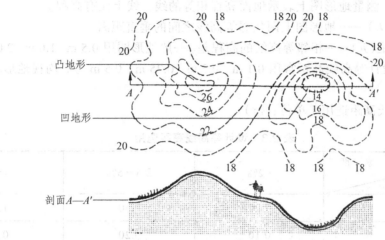

图2.61 凹、凸地形的等高线表示法

（4）均匀斜坡。

沿着均匀斜坡，等高线间距相同，因此高度变化是常量。均匀斜坡在工程建设中比在自然环境中更典型。

地形的特征及运用综合见表2.2。

表2.2 地形特征及其运用

形态特征	性质	运用
平地	开朗、平稳 宁静、多向	广场、大建筑群、运动场、学校、停车场的合适场地
凸地 （土丘/土山）	向上、开阔 崇高、动感	理想的景观焦点和观赏景观的最佳处。 建筑与活动场所
凹地	封闭、汇聚 幽静、内向	露天观演、运动场地、水面、绿化休息场所
山脊	延伸、分隔 动感、外向	道路、建筑布置的场地。脊的端部具有凸地的优点可供运用
山谷	延伸、动感 内向、幽静	道路、水面、绿化

4. 地形分析

地形分析包括地面高程、坡度、坡向、特征、脊线（分水线）、谷线（汇水线）、洪水淹没线（50年一遇和100年一遇）、制高点、冲沟、洼地等内容。

（1）高程系统。

我国各城市采用的高程主要有两种不同的系统：

黄海高程系统——以青岛观潮站海平面作为零点的高程系统。

吴淞高程系统——以吴淞口观潮站海平面为零点的高程系统。

（2）等高线和坡度。

① 等高线——测量地形图上表示地面高程相等的线，线上注有高程。

等高线平距（L）——地形图上两相邻等高线之间的垂直距离。

② 等高线高距（h）——相邻等高线的高程差。一般地形图用 0.5 m、1.0 m、2.0 m、5.0 m、10 m 等等高线，设计等高线高距常用 0.1 m、0.2 m、0.25 m、0.5 m 等，均视地形坡度及图纸比例不同而选用。

③ 设计等高线高距选用（单位：m）

表 2.3　设计等高线高距选用

比　　例 ＼ 坡　度	<2%	2% ~ 5%	>5%
1 : 2 000	0.25	0.50	1.00
1 : 1 000	0.10	0.20	0.50
1 : 500	0.10	0.10	0.20

④ 坡度（i）——等高线高距与平距之比，在第一章已做详细介绍。

$$i = h/L（\%）$$

⑤ 地面坡度分级及使用（见表 2.4）。

表 2.4　地面坡度分级及使用

分级	坡度	使　　　用
平坡	0 ~ 2%	建筑、道路布置不受地形坡度限制，可以随意安排。坡度小于 3% 时应注意组织排水
缓坡	2% ~ 5%	建筑宜平行于等高线或与之斜交布置，若垂直等高线，其长度不宜超过 30 ~ 50 m，否则需结合地形做错层、跃落等处理；非机动车道尽可能不垂直于等高线布置，机动车道则可随意选线。地形起伏可使建筑及环境景观丰富多彩
	5% ~ 10%	建筑、道路最好平行于等高线布置或与之斜交。如与等高线垂直或大角度斜交，建筑需结合地形设计，做跃落、错层处理。机动车道需限制其坡长
中坡	10% ~ 25%	建筑应结合地形设计，道路要平行或与等高线斜交迂回上坡。布置较大面积的平坦地，填、挖土方量甚大。人行道如与等高线作较大角度斜交布置，也需做台阶
陡坡	25% ~ 50%	用作城市居住区建设用地，施工不便、费用大。建筑必须结合地形个别设计，不宜大规模建设。在山地城市用地紧张时仍可使用
急坡	>50%	通常不宜用于居住建设

⑥ 坡度与坡角换算（见表 2.5）。

表 2.5 坡度与坡角换算表

坡度/%	坡角	坡度/%	坡角	坡度/%	坡角	坡度/%	坡角
1	0°34′	15	8°32′	29	16°10′	43	23°16′
2	1°09′	16	9°05′	30	16°42′	44	23°45′
3	1°43′	17	9°39′	31	17°13′	45	24°14′
4	2°17′	18	10°12′	32	17°45′	46	24°42′
5	2°52′	19	10°45′	33	18°16′	47	25°10′
6	3°26′	20	11°19′	34	18°47′	48	25°38′
7	4°00′	21	11°52′	35	19°17′	49	26°06′
8	4°34′	22	12°24′	36	19°48′	50	26°34′
9	5°09′	23	12°57′	37	20°18′	55	28°48′
10	5°43′	24	13°30′	38	20°48′	60	30°58′
11	6°17′	25	14°02′	39	21°18′	63	33°01′
12	6°51′	26	14°34′	40	21°48′	70	34°59′
13	7°24′	27	15°07′	41	22°18′		
14	7°58′	28	15°39′	42	22°47′		

⑦ 一般的地形图中有两种等高线：一种是基本等高线，称为首曲线，常用细实线表示；另一种是每隔 4 条首曲线加粗一根并标上高程的等高线，称为计曲线。在设计中，有时为了防止混淆，原地形等高线用虚线，设计等高线用实线，见图 2.62。

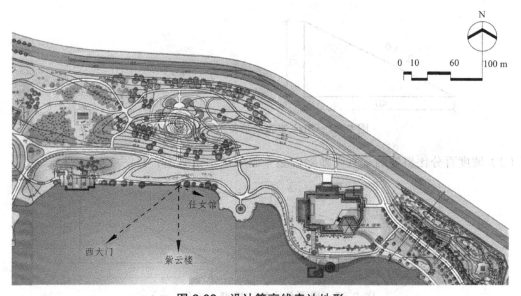

图 2.62 设计等高线表达地形

二、比例法

1. 坡度计算

在描述和讨论坡度变化时最常用的是坡度百分比。坡度通常定义为高度在一段水平距离上的竖向变化（下降或上升，单位是 ft 或 m），或 $S = D_E/L$（同第一章第一节边坡坡度公式），式中 S 是坡度，D_E 是水平距离或图纸距离为 L 的一条直线两个端点之间的高度差。为把 S 表示成百分比的形式，可乘以 100。如图 1.2、图 2.63 所示。

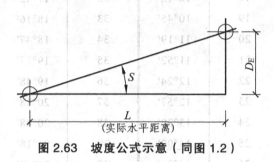

图 2.63　坡度公式示意（同图 1.2）

有了坡度公式，可以完成下面三个基本计算：

（1）已知两点之间的高度和两点之间的距离，可以计算坡度 S。

（2）已知两点之间的高度差和坡度百分比，可以计算水平距离 L。

（3）已知坡度百分比和水平距离，可以计算高度差 D_E。

2. 用比值和度表示坡度

（1）通过坡度的水平距离与垂直高度之间的比率来说明斜坡的倾斜度，见图 2.64。

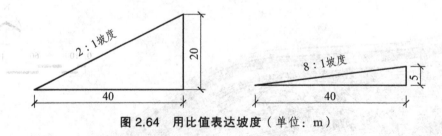

图 2.64　用比值表达坡度（单位：m）

（2）坡度百分比斜坡的垂直高差除以整个斜坡的水平距离，见图 2.65。

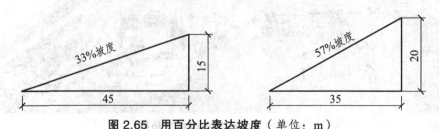

图 2.65　用百分比表达坡度（单位：m）

三、坡级法

用坡度等级表示地形的陡缓和分布的方法称做坡级法。坡级法常用于基地现状和坡度分析图中，见图2.66。

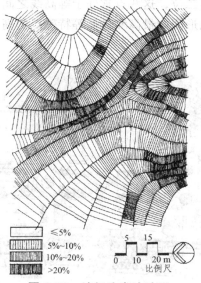

	≤5%
	5%~10%
	10%~20%
	>20%

图 2.66 坡级法表达地形

四、分布法

将整个地形的高程划分为间距相等的几个等级，并用颜色渲染，色度随着高程从低到高的变化也逐渐由浅变深，它主要表示基地范围内地形变化的程度、地形的分布和走向，见图2.67。

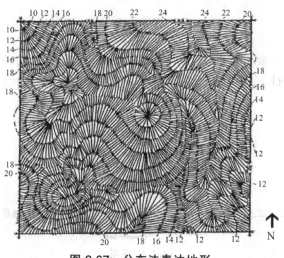

图 2.67 分布法表达地形

五、高程标注法

表示地形图中某些特殊的地形点（如园路交叉点、建筑物的转角基底地坪、园桥顶点、涵闸出口处等），用十字、圆点或水平三角标记符号ν来标明高程，并注上该点到参照点的高程。高程常注写到小数点后第二位，这些点常处于等高线之间。高程标注法适用于标注建筑物的转角、墙角和坡面以及地形图中最高和最低等特殊点的高程。同时，用细线小箭头来表示地形从高至低的排水方向。

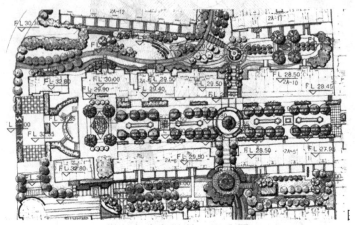

图 2.68　高程标注法表达地形

特点：
（1）地面坡向变化情况的表达比较直观，容易理解。
（2）设计工作量小，图纸易于修改和变动，绘制图纸的过程比较短。
（3）对地形竖向变化的表达比较粗略。
（4）在确定标高的时候要有综合处理竖向关系的工作经验。

六、断面法

断面法可以使视觉形象更加明了，并能较好地表达实际地形的轮廓，适于要求粗放且地形狭长的地段的地形设计表达（见图 2.69），或将其作为设计等高线的辅助图（见图 2.70）。

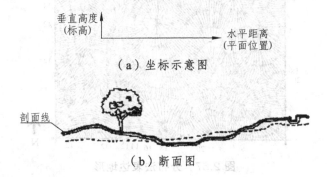

（c）断立面图

（d）断面透视图

图 2.69　地形断面图表达地形

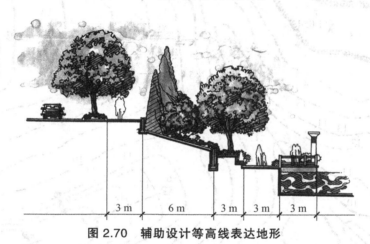

3 m　　6 m　　3 m　　3 m　　3 m

图 2.70　辅助设计等高线表达地形

七、模型法

指用许多断面表示原有地形和设计地形的状况的方法，便于计算土方量。用泡沫板、橡皮泥等材料制做的模型，模型设计表现形象直观，具体但较费工费时，见图 2.71、图 2.72。

实物模型

图 2.71　建筑模型

图 2.72　山体模型

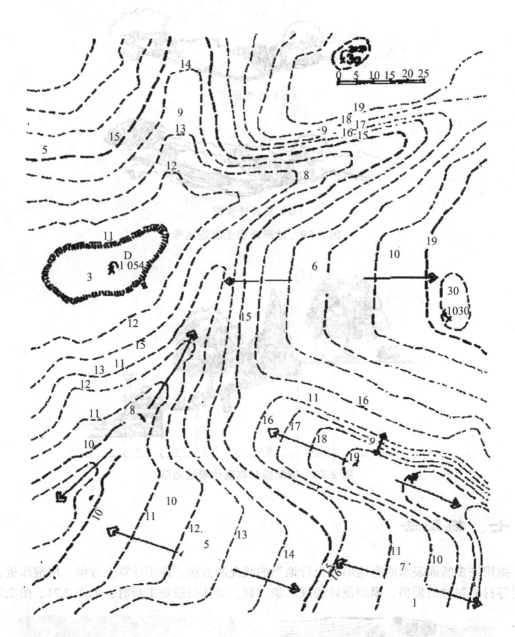

课后练习：

根据上图，请分析：

1. 岭谷分布。

2. 主要地形特征。

3. 哪些地方比较陡？哪些地方比较缓？

4. 分析地表排水流向？

5. 在利用方面哪处地形比较有利？

第三节　园林用地的竖向设计

一、竖向设计的概念

园林用地的原有地形，往往不能满足园林总体设计的地形、建筑物、园林小品、植物造景的标高要求，需要将原有地形加以改造，进行垂直方向的竖向布置，使改造后的设计地形能满足园林建设项目的需要，即竖向设计。

竖向设计是指在一块场地上进行垂直于水平方向的布置和处理。园林用地的竖向设计就是园林中各个景点、各种设施及地貌等在高程上如何创造高低变化和协调统一的设计。

园林竖向设计是园林总体设计阶段至关重要的内容，它是在拟定界限的原地形的基础上，从园林的使用功能出发，确定园林的地形地貌、建筑、道路、广场、绿地之间的用地坡度、控制点高程、规划地面形式及场地高程，使园林用地与四周环境之间、园林内部各组成要素之间，在高程上有一个合理关系，增强园林景观效果。通过竖向设计，使园林在景观上美妙生动，使用上美观舒适，工程上经济合理。

竖向设计的任务就是从最大限度地发挥园林的综合功能出发，统筹安排园内各种景点、设施和地貌景观之间的关系；使地上地下设施之间、山水之间、园内与园外之间在高程上有合理的关系。

二、竖向设计的原则

1. 功能优先，造景并重

（1）园林地形的塑造要符合各功能设施的需要。建筑等多需平地地形；水体用地，要调整好水底标高、水面标高和岸边标高；园路用地，则依山随势，灵活掌握，控制好最大纵坡、最小排水坡度等关键的地形要素。

（2）注重地形的造景作用，地形变化要适应造景需要，见图 2.73。

2. 利用为主，改造为辅

尽量利用原有的自然地形、地貌；尽量不动原有地形与现状植被。需要的话，进行局部的、小范围的地形改造，见图 2.74。

3. 因地制宜，顺应自然

地形塑造应因地制宜，就低挖池就高堆山。园林建筑、道路等要顺应地形布置，少动土方。

4. 填挖结合，土方平衡

在地形改造中，使挖方工程量和填方工程量基本相等，即达到土方平衡。

精心构思的，与地形相谐调的构筑物从景观中获得力量，反过来又强化了景观

主体景观特征确立之后就应在景观之中，围绕它们，依从它们来构建

图 2.73　地形变化与建筑相协调　　　**图 2.74　利用原有地形造景**

三、竖向设计的内容

1. 地形设计

地形设计和整理是园林竖向设计的一项主要内容。挖湖堆山进行山水布局，峰峦、坡谷、河湖、泉瀑等地貌小品的设置，它们之间的相对位置、高低、大小、比例、尺度、外观形态、坡度的控制及高程关系等都要通过地形设计来解决，见图 2.75。

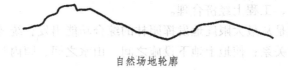

自然场地轮廓

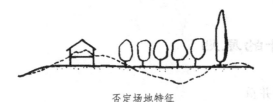

否定场地特征

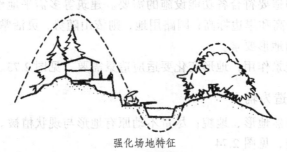

强化场地特征

图 2.75　自然地形设计

（1）坡度调整。

坡度修整是最基本的设计工具之一。每一个场地设计工程都需要一些坡度上的变化。这些坡度的变化怎样和整体设计构思融合到一起将会影响这个工程在功能上和视觉上是否成功。

① 坡度。

坡度给人的视觉感觉受表面材料的质地和与周围坡度的关系影响。质地越粗糙，坡度越不引人注意。例如，一个光滑道路的坡度，如抹过面的混凝土，比粗糙的路（如卵石路）更引人注目。一般来讲，在路面 2% 的坡度或更大的坡度上容易察觉到。然而，水平的参照线如砖缝或墙顶的顶部，即使在没有铺柏油的情况下也增加了坡度感。

一个坡度与另一个坡度的关系也会影响对陡度的感觉。例如，一个人沿着 8% 坡度人行道前进，后来此坡度变化为 4%，对他来说现在的坡度看起来小于原来坡度的一半。

地形、地貌和坡度的变化把园林景观划分成容易理解的单元，建立了比例感和次序感。这种坡度变化的形式影响了对空间、视觉的感知和对一个地区的印象。

② 高程变化。

因为种种原因，那些相对于周围景观较高的点，有可能成为引人注目的地方。首先，升高的坡度因为扩展了视野和景象的整体范围，可以给人一种广阔的感觉。同时，站在较高的地方可以给人一种优越感，这归功于对一个地方的控制或支配的感觉。另外，向上的高度变化能够对比和增大周围景观的陡度或平坦度。突然的高度变化将会影响对空间的感觉。上坡路越渐进，感觉越微妙。坡度变化越陡，在较低的高程点处被包围的感觉越明显，而在较高的高程点处戏剧性和兴奋感就越强烈。

③ 凹面和凸面。

一般来讲，一个平面从视觉上比凸面和凹面地形缺乏令人愉快的感觉，这取决于比例和对比，见图 2.76。

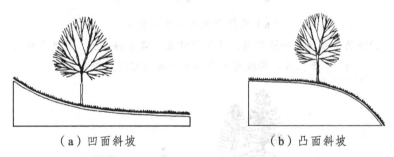

（a）凹面斜坡　　　　　　　　　　（b）凸面斜坡

图 2.76　圆形的斜坡

比较图 2.76 所示这两个圆形的地形，从山坡上看凹面更优美，因为它表现出上升的特色。从下坡的一面看，这两种地形都缩小了视野，随着坡度凸面加大，这种透视缩短的更明显。从凸面斜坡上坡，高度感在加强；同时与树干的距离好像压缩了，因为中间的地带按透视线缩短了。

④ 增强作用。

通过分析原有的地形和园林景观特点，可以构造布置拟建的地貌、坡度变化和设计要素来强调、抵消或几乎不影响园林景观的视觉造型。当计划采用另外一些设计时，考虑的基本问题是它们是否能加强及补充原有的园林景观的视觉造型，或与其形成对比，或同特殊的景观环境相冲突，如图 2.77 所示。

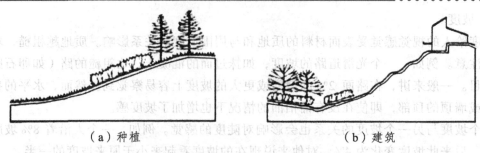

（a）种植　　　　　　　　　　　　　　　（b）建筑

图 2.77　通过设计要素来加强地形特点

⑤ 空间考虑。

坡度变化有能实现各种各样空间的功能。这些功能应用得是否恰当，是通过对场地可能用途和设计计划要求仔细分析来确定的。

a. 围墙。可以用围墙来实现几种功能，包括限制、保护、避免干扰和进行掩蔽。通过使用围墙可以做到隔离、增强私密性和避免干扰，如图 2.78（a）所示座位区的部分。掩蔽是一种视觉限制的形式，因为它阻止了视线并避免了看到令人不快的情景，见图 2.78（b）。

（a）横梁处的水平变化措施

（抬高的植被起到分隔作用，并从视觉上掩藏了相对于人行道下沉的
座位区。斜坡用于增加座位区的空间围护）

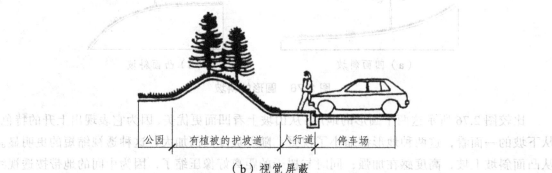

（b）视觉屏蔽

（地形，尤其是和植被相连的地方，通常用来屏蔽或阻止从某一方向投来的视线。
在图中，公园用有植被的护坡道来屏蔽从停车场投来的视线）

图 2.78　视线限制的应用

围墙可以是如图 2.79 所示护坡道的形式，也可以提供安全和保护，例如限制小孩从运动场中跑到街道上或作为各种体育运动的挡网。然而，应用这种类型时应加以小心，因为：第一，它可能无意中使娱乐空间变得更易被人疏忽；第二，围墙降低了一个区域的能见度，产生了潜在的不安全条件。应注意的是，正确的设计和规划地形对创造性的活动来说可能是一个极佳的出路。

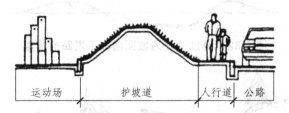

图 2.79 断面中采用护坡道将运动场和公路分隔开

护坡经过绿化或铺上堤坡，外形上有点像堤坝，景观师通常将它用于围护和隔离。然而，必须对这种设施进行谨慎地评估，这是因为护坡道的尺度和比例相对周围的环境来讲既不合适，也没有作用。

围墙也能从气候方面提供保护（见图 2.80）。正确的地形布置可以控制雪的吹积，有效地减少风对建筑物甚至对一个大的区域如运动场和停车场的影响。

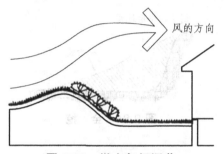

图 2.80 微小气候调节

（能够应用地形来引导或改变风向，采集阳光辐射，并形成冷或热的风袋）

b. 间隔。修坡的一个很基本的用途是间隔各种活动以减少相互冲突，如把机动车道与人行道、行车道分开，自行车道和人行道分开，座位区和自行车走区分开。

c. 沟道作用。地貌可以用来支配、汇集或引导车辆和行人的流通。它还可以用来引导和控制视野角度和所看到的景色以及风和冷空气的流通。例如，古罗马竞技场就是使用地形来集中人们注意力又封闭空间的极佳实例。

（2）土方调整（见图 2.81、图 2.82、图 2.83）。

图 2.81 进行土方调整

（目的是创造适度的平坦区域，提供排水以及使合理的道路系统得以实施）

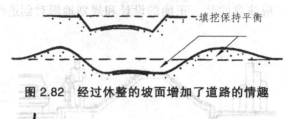

图 2.82　经过休整的坡面增加了道路的情趣

图 2.83　能为家宅场地增添情趣

① 挖方土地调整。

其优点是可以保持土壤良好的稳定性；缺点是损失了表层肥沃土壤，如图 2.84 所示。

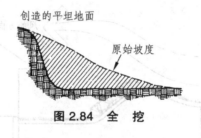

图 2.84　全　挖

② 填方土地调整。

其优点是便于工程开展；缺点是易出现沉降、侵蚀，成本高，如图 2.85 所示。

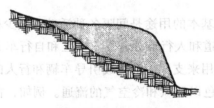

图 2.85　全　填

③ 填挖方混合方式。

其优点是成本低，缺点可以与原土性质不同，引发植物生长问题或无法满足审美要求，如图 2.86 所示。

图 2.86　挖填结合

④ 自然地形土方调整，如图 2.87 所示。

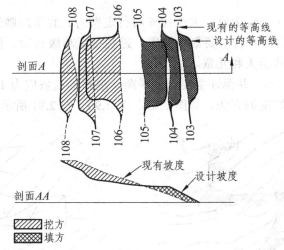

图 2.87　自然地形土方调整图示

⑤ 规则地形土方调整（台地设计），如图 2.88 所示。

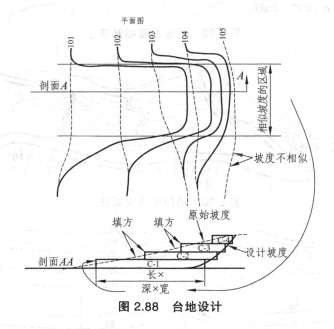

图 2.88　台地设计

2. 园路、广场、桥涵和其他铺装场地的设计

图纸上用设计等高线表示出道路或广场的纵横坡、坡向、道桥连接处及桥面标高。在小比例图纸中用变坡点标高来表示园路的坡度和坡向。

（1）道路。

机动车纵坡一般不大于 6%，困难时可达 9%，山区城市局部路段坡度可达 12%。但坡度超过 4%，必须限制其长坡；若坡度 5%～6%，坡长不大于 600 m；若坡度 6%～7%，坡长不大于 400 m；若坡度 7%～8%，坡长不大于 150 m。

非机动车道纵坡一般不大于 2%，困难时可达 3%，但坡长应限制在 50 m 以内；桥梁引坡不大于 4%。

人行道纵坡以不大于 5% 为宜，大于 8% 时行走费力，宜采用踏级。一般园路坡度不大于 8%，超过此值应设台阶，台阶要集中设置，避免设置单级台阶，保障游人行走安全。台阶应附设坡道，以方便残疾人和儿童。

交叉口纵坡不大于 2%，并保证主要交通平顺。道路的横坡应为 1% ~ 2%。

地形控制道路最大坡度的方法，如图 2.89、图 2.90、图 2.91 所示。

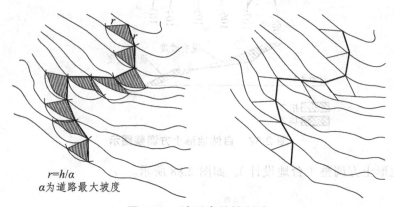

$r=h/\alpha$
α 为道路最大坡度

图 2.89　地形高差控制法

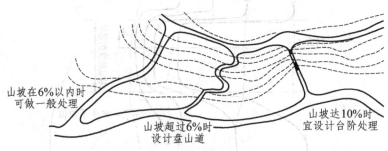

山坡在6%以内时可做一般处理

山坡超过6%时设计盘山道

山坡达10%时宜设计台阶处理

图 2.90　地形坡度控制法

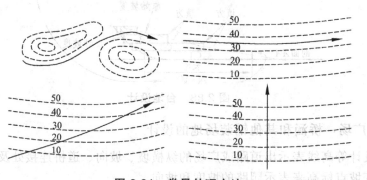

图 2.91　常见处理方法

（2）广场、停车场。

广场坡度以 0.3% ~ 7% 为宜，以 0.5% ~ 1.5% 最佳。横坡不大于 2%。

儿童游戏场坡度 0.3% ~ 2.5%；

停车场坡度 0.2% ~ 2.5%；

运动场坡度 0.5% ~ 2%。

4. 建筑和其他园林小品

建筑和其他园林小品（如纪念碑、雕塑等）应标出地坪标高及其周围环境的高程关系，大比例图纸建筑应标注各角点标高。例如坡地上的建筑，是随形就势还是设台筑屋。在水边的建筑物或小品，则要标明其与水体的关系。

建筑室内地坪高于室外地坪：住宅 30 ~ 60 cm，学校 45 ~ 90 cm。

应避免室外雨水流入建筑物内，并引导室外雨水顺利的排除，保证建筑物间的交通有良好的联系，建筑物至道路的地面排水坡度最好在 1% ~ 3%。道路中心标高一般应比建筑物的室内标高低 0.25 ~ 0.3 m。

5. 植物种植在高程上的要求

在规划过程中，公园基地上可能会有些有保留价值的老树。其周围的地面依设计如需增高或降低，应在图纸上标注出保护老树的范围、地面标高和适当的工程措施。

植物对地下水很敏感，有的耐水，有的不耐水。规划时应为不同树种创造不同的生活环境。水生植物种植，不同的水生植物对水深有不同要求，分为湿生、沼生、水生等多种。如荷花适宜生活在水深 0.6 ~ 1 m 的环境中。

一般要求绿地坡度不小于 5%；草坪、休息绿地坡度最小 0.3%、最大 10%，以利于排水。

6. 排水设计

在地形设计的同时要考虑地面水的排除。一般规定无铺装地面的最小排水坡度为 1%，而铺装地面则为 0.5%。但这只是参考限值，具体设计还要根据土壤性质和汇水区的大小、植被情况等因素而定。

7. 管道综合

园内各种管道（如供水、排水、供暖、煤气管道等）的布置，难免有些地方会出现交叉，在规划上就须按一定原则，统筹安排各种管道交会时合理的高程关系，以及它们和地面上的构筑物或园内乔灌木的关系。

四、竖向设计方法

园林竖向设计所采用的方法主要有三种：高程箭头法、纵横断面法、设计等高线法。箭头法又叫流水分析法，主要在表示坡面方向和地面排水方向时使用。纵横断面法常用在地形比较复杂的地方，表示地形的复杂变化。设计等高线法是园林地形设计的主要方法，一般用于对整个园林进行竖向设计的情况。

1. 高程箭头法

应用高程箭头法，能够快速判断设计地段的自然地貌与规划总平面地形的关系。它借助于水从高处流向低处的自然特性,在地图上用细线小箭头表示人工改变地貌时大致的地形变化情况和对地面坡向的具体处理情况,并且比较直观地表明了不同地段、不同坡面地表水的排除方向,反映出对地面排水的组织情况。它还根据等高线所指示的地面高程,大致判断和确定园路路口中心点的设计标高和园林建筑室内地坪的设计标高,见图2.92。

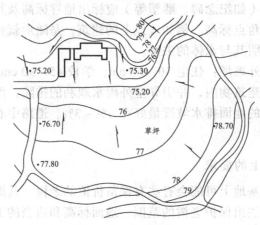

图 2.92　高程箭头法

这种竖向设计方法的特点是:对地面坡向变化情况比较直观,容易理解;设计工作量小,图纸易于修改和变动,绘制图纸的过程比较快。其缺点是:对地形竖向变化的表达比较粗略,在确定标高的时候要有综合处理竖向关系的工作经验。因此,高程箭头法比较适于在园林竖向设计的初步阶段使用;也可在地貌变化复杂时,作为一种指导性的竖向设计方法。

2. 纵横断面法

纵横断面法竖向设计多在地形复杂情况下需要做比较仔细的设计时采用。这种方法的优点是:对规划设计地点的自然地形有一个立体的形象的概念,容易着手考虑对地形的整理和改造;缺点是:设计过程较长,设计所花费的时间比较多。采用纵横断面法的具体方法步骤如下所述,参考图2.93。

（1）绘制地形方格网:根据竖向设计所要求的精度和规划平面图的比例,在所设计区域的地形图上绘制方网格,方格的大小采用 10 m×10 m、20 m×20 m、30 m×30 m 等。设计精度高方格网就小一些;反之,方格网则大一些。图纸比例为1∶200～1∶500时,方格网尺寸较小;比例为1∶1 000～1∶2 000时,采用的方格网尺寸比较大。

（2）根据地形图中的自然等高线,用插入法求出方格网交叉点的自然标高。

（3）按照自然标高情况,确定地面的设计坡度和方格网每一交点的设计标高,并在每一方格交点上注明自然地形标高和设计标高。

（4）选定一标高点作为绘制纵横断面的起点,此标高应低于规划平面图中所有的自然标高。然后,在方格网纵轴方向将设计标高和自然标高之差,用统一比例标明,并将它们用线连接起来形成纵断面。沿横轴方向绘制横断面图的方法与纵断面相同。

（5）根据纵横断面标高和设计图所示自然地形的起伏情况,将原地面标高和设计标高逐一比较,并考虑地面排水组织与建筑组合因素,对土方量进行粗略的平衡。土方平衡中,若填、挖土方总量不大,则可以认为所确定的设计标高和设计坡度是恰当的;若填、挖土方总量过大，则要修改设计标高，改变设计坡度，按照上述方法重新绘制竖向设计图。

（6）另外用一张纸，把最后确定的方格网交点设计标高和原有标高抄绘下来，标高标注方式是采用分数式，设计标高写在分数线下方作为分母，原地面标高则写在分数线上方作为分子。

（7）绘制出设计地面线，即求出原有地形标高和设计标高之差。若自然标高仍大于设计标高，则为挖方；若自然标高小于设计标高，则为填方。在绘制纵横断面的时候，一般习惯的画法是：纵断面中反映填土部位的，要画在纵轴的左边；反映挖土部位的，要画在纵轴的右边。横断面中反映挖土部位的，画在横轴上方；反映填土部位的，画在横轴下方。纵横断面画出后，就可以反映出工程挖方或填方的情况。

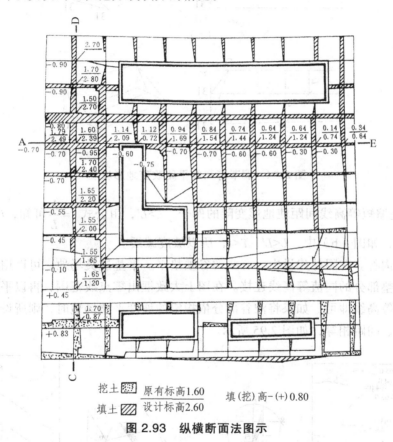

图 2.93 纵横断面法图示

3. 设计等高线法

在地形变化不是很复杂的丘陵、低山地区进行园林竖向设计时，大多要采用设计等高线法。这种方法能够比较完整地将任何一个设计用地或一条道路与原来的自然地貌作比较，随时一目了然地判别出设计的地面或路面的挖填方情况。这是园林设计中使用最多的一种方法。一般地形测绘图都是用等高线或点标高表示的。在绘有原地形等高线的地图上用设计等高线进行地形改造时，只要在同一张图纸上便可表达原有地形、设计地形状况及场地的平面布置、各部分高程关系，即可很方便地在设计过程中进行方案的比较和修改。它是一种比较好的设计方法，最适宜自然山水园的土方计算。

用设计等高线和原有地形的自然等高线，可以在图上表示地形被改动的情况。绘图时，设计等高线用细实线绘制，自然等高线则用细虚线绘制。在竖向设计图上，设计等高线低于自然等高线之处为挖方，高于自然等高线处则为填方。

（1）陡坡变缓或缓坡变陡。等高线间距的疏密表示地形的陡缓。在设计时，如果高差 h 不变，可用改变等高线间距 L 来减缓或增加地形的坡度，如图 2.94 所示。

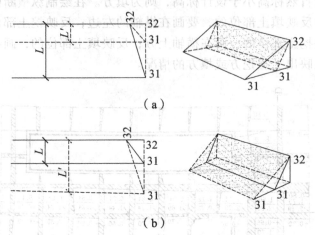

图 2.94　调节等高线平距改变地形坡度

图（a）是缩短等高线间距使地形变陡的例子。$L>L'$，由公式 $i=\dfrac{h}{L}$ 可知，$i'>i$，所以坡度变陡了；反之，如图（b）中，$L<L'$，$i'<i$，所以坡度减缓。

（2）平垫沟谷。在园林建设中，有些沟谷须垫平。平垫这类场地，可以用平直的设计等高线和准备平垫部分的同值等高线连接。在图上大致框出零点线范围，再以平直的同值等高线连接原地形等高线即可。如果将沟谷部分依指定的坡度平整场地时，则所设计的设计等高线应互相平行、间距相等，如图 2.95 所示。

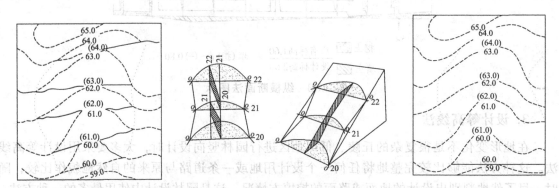

（a）平垫沟谷等高线设计（非均坡）　（b）平垫沟谷三维及平面示意　（c）平垫沟谷等高线设计（均坡）

图 2.95　平垫沟谷

（3）削平山脊。将山脊铲平的设计方法和平垫沟谷的方法相同，只是设计等高线所切割的原地形等高线方向正好相反，如图 2.96 所示。

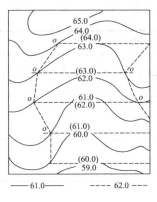 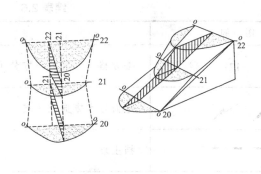

图 2.96　削平山脊

（4）平整场地。园林中的场地包括铺装广场、建筑地坪及各种文体活动场地和较平缓的种植地段，如草坪、较宽的种植带等。非铺装场地对坡度要求不太严格，目的是垫平凹凸之处，将坡度理顺，而地表坡度则任其自然起伏，排水通畅即可。铺装地面的坡度则要求严格，各种场地因其使用功能不同对坡度的要求也各异。通常为了排水，一般集散广场坡度为 1% ~ 7%，足球场坡度为 3‰ ~ 4‰，篮球场坡度为 2% ~ 5%，排球场坡度为 2% ~ 5%，这类广场的排水坡度可以是沿长轴的两面坡或沿横轴的两面坡，也可以设计成四面坡，主要取决于周围环境条件。一般铺装场地都采取规则的坡面（即同一坡度的坡面）。平整场地还可用方格网法（第一章已介绍）。

五、竖向设计图图例（见表 2.6）

表 2.6　竖向设计图图例

图　例	内　容
—— 35 ——	自然地形等高线及高程（m）
——35.10——	设计地形等高线及高程（m）
▼ 21.30	室内地坪设计标高（m）
▼19.50	室外地坪设计标高（m）
+ 24.15	道路交叉点、控制点标高（m）
$\frac{1.2}{68}$ ➤	道路排水方向、纵坡（%）/坡长（m）
+0.32 | 43.54 —— | 43.22	施工标高（左上角）、设计标高（右上角）、自然标高（右下角）

续表 2.6

图　例	内　容
⊕ +12	按方格网计算的土方量（m³），"＋"为填方，"－"为挖方
↘ ↘	地面排水方向或边坡
▬ ▬ ▬	挡土墙
■▢	雨水井
⟨13/54→⟩	排水沟，箭头为排水方向，上面数字为坡度（%），下面数字为坡长（m）

六、竖向设计步骤

园林竖向设计是一项细致而繁琐的工作，设计和调整、修改的工作量都很大。一般经过以下设计步骤：

1. 资料的收集

（1）全园用地及附近地区的地形图，采用比例 1∶500 或 1∶1 000，这是竖向设计最基本的设计资料，必须收集齐全，不能缺少。

（2）当地水文地质、气象、土壤、植物等的现状和历史资料。

（3）城市规划对该园林用地及附近地区的规划资料，以及市政建设及其地下管线资料。

（4）园林总体规划初步方案及规划所依据的基础资料。

（5）所在地区的园林施工队伍状况与施工技术水平、劳动力素质和施工机械化程度等方面的参考材料。

竖向设计资料的收集原则是：关键资料必须齐备，技术支持资料要尽量齐备，相关的参考资料越多越好。

2. 现场踏勘与调研

在掌握上述资料的基础上，应亲临园林建设现场，进行认真的踏勘、调查，并对地形图等关键资料进行核实。如发现地形、地物现状与地形图上有不吻合处或有变动处，要搞清变动原因，进行补测或现场记录，以修正和补充地形图的不足之处。对保留利用的地形、水体、建筑、文物古迹等要加以特别注意，并记载下来。对现有的大树或古树名木的具体位置，必须重点标明。此外，还要查明地形现状中地面水的汇集规律和集中排放方向及位置，以及城市给水管道接入园林的接口位置等情况。

3．设计图纸的表达

竖向设计应是总体规划的组成部分，需要与总体规划同时进行。在中小型园林工程中，竖向设计一般可以结合在总平面图中表达。但是，如果园林地形比较复杂或者园林工程规模较大时，在总平面图上就不易清楚地把总体规划内容和竖向设计内容同时都表达得很清楚。因此，就要单独绘制园林竖向设计图。

根据竖向设计方法的不同，竖向设计图的表达也有高程箭头法、纵横断面法和设计等高线法等三种方法。由于在前面已经讲过纵横断面设计法的图纸表达方法，下面就按高程箭头法和设计等高线法相结合进行竖向设计的情况来介绍图纸的表达方法和步骤。

（1）在设计总平面底图上，用红线绘出自然地形。

（2）在进行地形改造的地方，用设计等高线对地形做重新设计（设计等高线可暂以绿色线条绘出）。

（3）标注园林内各处场地的控制性标高，以及主要园林建筑的坐标、室内地坪标高和室外整平标高。

（4）注明园路的纵坡坡度、变坡点距离和园路交叉口中心的坐标及标高。

（5）注明排水的沟底面起点和转折点的标高、坡度，以及明渠的高宽比。

（6）进行土方工程量计算，根据算出的挖方量和填方量进行平衡；如不能平衡，则调整部分地方的标高，使土方量基本达到平衡。

（7）用排水箭头，标出地面排水方向。

（8）将以上设计结果汇总，另用纸绘出竖向设计图。绘制竖向设计的要求如下：

① 图纸平面比例：采用 1∶200～1∶1 000，常用 1∶500。

② 等高距：设计等高线的等高距应与地形图相同。如果图纸经过放大，则应按放大后的图纸比例，选用合适的等高距。一般可用的等高距为 0.25～1.0 m。

③ 图纸内容：用国家颁布的《总图制图标准》（GBJ 103—87）所规定的图例，表明园林各项工程平面位置的详细标高，如建筑物\绿化、园路、广场、沟渠的控制标高等，并要标示坡面排水走向。作土方施工用的图纸，则要注明进行土方施工各点的原地形标高与设计标高，标明填方区和挖方区，编制出土方调配表。

④ 在有明显特征的地方，如园路、广场、堆山、挖湖等土方施工项目所在地，绘出设计剖面图或施工断面图，直接反映标高变化和设计意图，以方便施工。

⑤ 编制出正式的土方估算表和土方工程预算表。

⑥ 将图、表不能表达出的设计要求、设计目的及施工注意事项等需要说明的内容，编定成竖向设计说明书，以供施工参考。

⑦ 在园林地形的竖向设计中，如何减少土方的工程量，节约投资和缩短工期，这对整个园林工程具有很重要的意义。因此，对土方施工工程量应该进行必要的计算，同时还须提高工作的效率，保证工程质量。

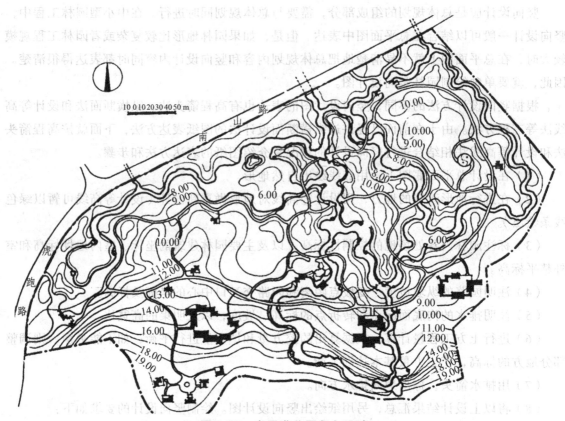

图 2.97 太子港公园竖向设计

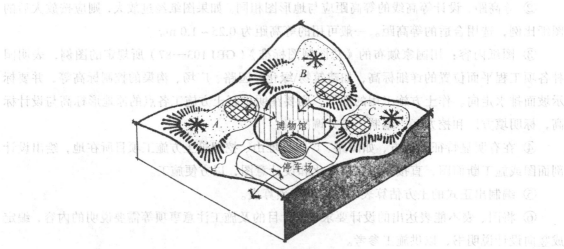

图 2.98 原地形图上的功能分区图

附表：园林地形设计常用坡度一览表

图示	坡比	坡比	角度	性质	视域空间感	人的活动内容	种植情况
2°	1:33.4	3%	2°	缓坡 平缓，舒展	视域开敞 空间延续	人行走其中，不觉坡度感，可以做为斜坡草坪，设置相应的活动内容	适合各类型种植
4°	1:15	6.67%	4°	缓坡 平缓，舒展	视域开敞 空间延续	人行走其中，不觉坡度感，可以做为斜坡草坪，设置相应的活动内容	适合各类型种植
6°	1:10	10%	6°	缓坡 平缓，舒展	视域开敞 空间延续	人站立其上，基本无不舒适感，可以做为斜坡草坪，设置相应的活动内容	适合各类型种植
9°	1:6	16.67%	9°	中坡 微陡	视域开敞 稍微的空间分隔感	人站立其上，基本无不舒适感，可以做为斜坡草坪，设置相应的活动内容	适合各类型种植
11°	1:5	20%	11°	中坡 微陡	视域开敞 稍微的空间分隔感	人站立其上，基本无不舒适感，可以做为斜坡草坪，设置相应的活动内容	适合各类型种植
18°	1:3	30%	18°	坡陡	视线受阻隔 稍微的空间分隔感	人可以站立，但不舒适，有滑落危险不宜设停留的活动，可设通过台阶动步道	适合各类型种植
22°	1:2.5	40%	22°	坡陡	视线受阻隔 形成空间分隔	人可以站立，但不舒适，有滑落危险不宜设停留的活动，可设通过台阶步道	适合各类型种植
27°	1:2	50%	27°	急坡	视线受阻隔 强烈空间分隔，	人难于站立平衡，不宜设停留的活动，设通过台阶游步道	常规种植不超过的坡度
34°	1:1.5	66%	34°	急坡 陡峭，压迫感	视域封闭 强烈的空间分隔，形成空间围合	人难于站立平衡，不宜设停留的活动，不宜设台阶游步道	可种植，植物品种，种植方法讲究
45°	1:1	100%	45°	急坡 陡峭，压迫感	视域封闭 强烈的空间分隔，形成空间围合	人难于站立平衡，不宜设停留的活动，不宜设台阶游步道	可种植，植物品种，种植方法讲究

[选自景观规划设计—园林地形设计中的坡度探讨——李裕恒（天成国际景观规划设计总监）]

练习与思考

1. 什么是园林地形？
2. 园林地形有哪些类型？
3. 园林地形的作用？
4. 园林地形造景手法有哪些？各有何特点？
5. 在地形改造时容易出现哪些问题？工作中该如何解决？
6. 根据下图，分析本图的地形调整方法？用剖面来分析场地特征？

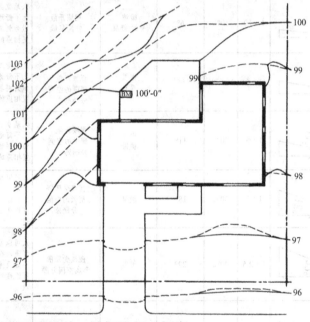

7. 根据下图，进行地形设计，并标注相对标高。

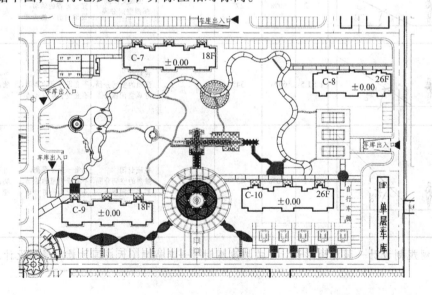

挡土景墙工程

【本章任务】 通过本章学习，了解挡土景墙的分类；熟悉挡土景墙在园林中的应用；认识挡土景墙常用材料；掌握挡土景墙的设计方法；掌握挡土景墙的结构。

挡土墙广泛应用于各类建筑工程中，它是一种防止路基填土或山坡土体崩塌而修筑的承受土体侧压力的墙式构造物。在园林中，为了满足景观的需求，常常需要挖湖堆山、修桥筑路和平整场地，当地形改造中相邻的两块地出现较大高差时，地块之间就需要挡土墙来抵抗土壤的推力，防止水土流失，以保证高地和低地之间的正常交接，保持各自地块形状的相对完整和结构安全。有时，为了在园林局部中达到某种景观营建的构思与目的，也需要设置一些挡土墙。因此，挡土墙是园林中的重要内容之一。

第一节　挡土景墙的概念

一、挡土景墙的定义

挡土墙是防止土坡坍塌，截断土坡延伸，承受侧向压力的构筑物，是工程中解决地形变化、地平高差的重要手段。在挡土墙横断面中，与被支承土体直接接触的部位称为墙背；与墙背相对的，临空的部位称为墙面；与地基直接接触的部位称为基底；与基底相对的，墙的顶面称为墙顶；基底的前端称为墙趾，基底的后端称为墙踵。其结构如图3.1所示。

在园林设计中，挡土景墙是在考虑挡土墙防护功能的基础上，引入园林设计的艺术手法，将其平面布局、线形与立面造型纳入到园林总体设计中，使之与周边环境及其他设计组成部分融为一体的、具有一定观赏性的建筑物。

图3.1　挡土墙各部分名称

二、挡土墙的形成和功能

挡土墙的形成与土壤的堆积安全相关。土壤自然堆积，经沉落稳定后，将会形成一个稳定的、坡度一致的土体表面，此表面即称为土壤的自然倾斜面。自然倾斜面与水平面形成的稳定的夹角即安息角，以 α 表示（见表 3.1）。当自然土体形成的陡坡超过所允许的坡度时，土体的稳定遭到破坏而产生滑坡和塌方，天然山体甚至会产生泥石流，这时在土坡外侧修建挡土用的墙体便可维持稳定。这种用以支持并防止土坡倾塌的工程结构体称为挡土墙。而对于水体岸壁，其实际上是水工挡土墙，其不同于一般挡土墙之处在于有一面需承受水的压力和侵蚀，故必须满足一般水工要求。

表 3.1 各种土体的土壤自然安息角

土的名称	干的		湿润的		潮湿的	
	度数/°	高度与底宽比	度数/°	高度与底宽比	度数/°	高度与底宽比
砾石	40	1：1.25	40	1：1.25	35	1：1.50
卵石	35	1：1.50	45	1：1.00	25	1：2.75
粗砂	30	1：1.75	32	1：1.50	27	1：2.00
中砂	28	1：2.00	35	1：1.50	25	1：2.25
细砂	25	1：2.25	30	1：1.75	20	1：3.75
重黏土	45	1：1.00	35	1：1.50	15	1：1.75
粉质黏土、轻黏土	50	1：1.75	40	1：1.25	30	1：2.75
黏质粉土	40	1：1.50	30	1：1.75	20	1：2.75
腐殖土	40	1：1.25	35	1：1.50	25	1：2.25
填方土	35	1：1.25	45	1：1.00	27	1：2.00

三、挡土墙的分类

1. 根据挡土墙设置的位置分类

挡土墙设置位置不同，其用途也不相同。

（1）路堑墙设置在路堑边坡底部，主要用于支持开挖后不能自行稳定的山坡，同时可减少挖方数量，降低挖方边坡的高度，见图 3.2（a）。

（2）路堤墙设置在高填土路提或陡坡路堤的下方，可以防止路堤边坡或路堤沿基底滑动；同时可以收缩路堤坡脚，减少填方数量，减少拆迁和占地面积，见图 3.2（b）。

（3）路肩墙设置在路肩部位，墙顶是路肩的组成部分，其用途与路堤墙相同。它还可以保护临近路线的既有的重要建筑物，见图 3.2（c）。

（4）浸水墙在沿河路堤涉水的一侧设置挡土墙，可以防止水流对路基的冲刷和侵蚀，也是减少压缩河床的有效措施，见图 3.2（d）。

（5）山坡墙和抗滑墙设置在路堑或路堤上方，用于支持山坡上可能坍滑的覆盖层、破碎岩层或山体滑坡，见图 3.2（e）、（f）。

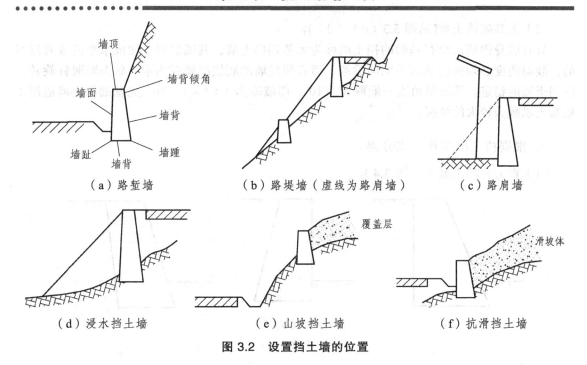

（a）路堑墙　　　（b）路堤墙（虚线为路肩墙）　　　（c）路肩墙

（d）浸水挡土墙　　　（e）山坡挡土墙　　　（f）抗滑挡土墙

图 3.2　设置挡土墙的位置

2. 根据墙身构造分类

（1）有基础挡土墙[见图 3.3（a）、（b）]。

由墙身和基础构成的挡土墙称为有基础挡土墙。其墙底可以做成水平的或者倾斜的，倾斜角度一般取 $5° \sim 10°$，即坡率为 $1:5 \sim 1:20$。有基础挡土墙适用于地基承载力较小，需要通过扩大基础基底长度来达到稳定要求的情况。

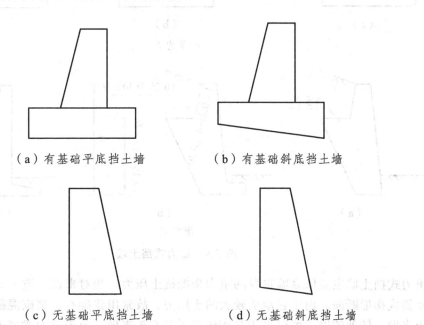

（a）有基础平底挡土墙　　　（b）有基础斜底挡土墙

（c）无基础平底挡土墙　　　（d）无基础斜底挡土墙

图 3.3　墙身构造不同

（2）无基础挡土墙[见图3.3（c）、（d）]。

只有墙身构成而没有基础的挡土墙称为无基础挡土墙，其墙底可以做成水平的或者倾斜的，倾斜角度必须向前倾而不能向后倾，即必须使墙的底线绕墙踵由水平状态顺时针旋转，以利于墙的稳定。其倾斜角度一般取 5°～10°，即坡率为 1：5～1：20。无基础挡土墙适用于地基土承载力较大的情况。

3. 根据挡土墙结构形式分类

（1）重力式挡土墙（见图3.4）。

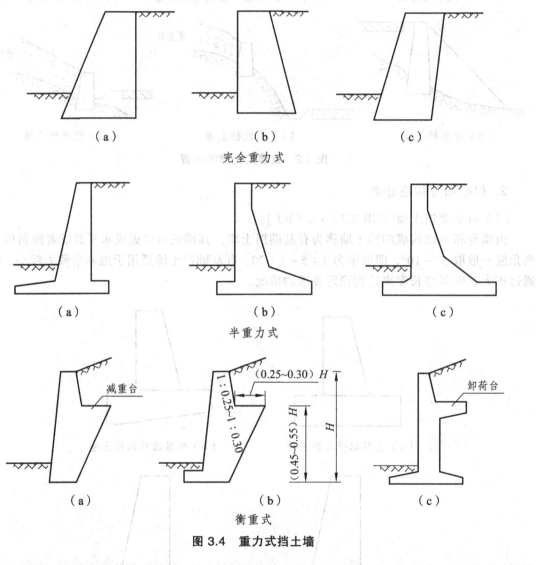

图 3.4 重力式挡土墙

重力式挡土墙主要依靠墙自身的重力来抵抗土压力。相对来说，重力式挡土墙断面都较大，常做成梯形断面。由于它承受较大的土压力，故常用浆砌石、浆砌混凝土预制块、现浇混凝土来做，较低的墙也可以采用浆砌砖和干垒石头来做。由于重力式挡土墙结构简单、施工方便、取材容易，故而得到广泛应用。

重力式挡土墙特点：

① 结构简单，施工方便。

② 施工工期短。

③ 能就地取材。

④ 对地基承载力要求高。

⑤ 工程量大，沉降量大。适用范围：墙高 $h<5$ m 且地基承载力较高的地段。

（2）锚定式挡土墙。

锚定式挡土墙指的是由钢筋混凝土板和锚杆组成，依靠锚固在岩土层内的锚杆的水平拉力以承受土体侧压力的挡土墙。为便于立柱和挡板安装，大多采用竖直墙面。

锚定式挡土墙可分为锚杆式和锚定板式两种。

锚杆式挡土墙是由预制的钢筋混凝土立柱、挡土板构成墙面，与水平或倾斜的钢锚杆联合组成，如图 3.5（a）所示。锚杆的一端与立柱连接，另一端被锚固在山坡深处的稳定岩层或土层中。墙后侧向土压力由挡土板传给立柱，再由锚杆与稳定岩层或上层之间作用的锚固力，使墙获得稳定。它适用于墙高较大，缺乏石料或挖基困难，但具有锚固条件的路堑地段。

锚定板式挡土墙是由钢筋混凝土墙面、钢拉杆、锚定板以及其间的填土共同形成的一种组合挡土结构，如图 3.5（b）所示。它借助于埋在填土内的锚定板的抗拔力抵抗侧土压力，保持墙的稳定。锚定式挡土墙的特点在于构件断面小，工程量省，不受地基承载力的限制，构件可预制，故有利于实现结构轻型化和施工机械化。它适用于缺乏石料的地区，可作为路肩墙或路堤墙。

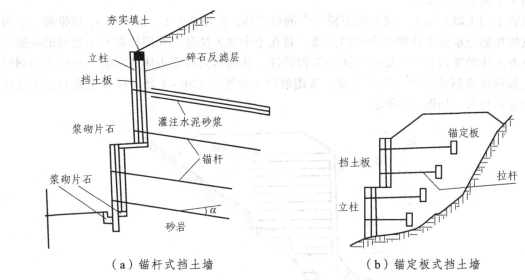

（a）锚杆式挡土墙　　　　　　（b）锚定板式挡土墙

图 3.5　锚定式挡土墙

（3）薄壁式挡土墙。

薄壁式挡土墙属于钢筋混凝土结构，可以分为悬臂式和扶壁式两种。

悬臂式挡土墙由立壁、墙趾板和墙踵板三个部分组成，如图 3.6（a）所示。薄壁式挡土墙结构的稳定不是依靠本身的重量，而主要依靠墙踵板上的填土重量来保证。它具有断面尺寸较小、自重轻、对地基承载力要求不高、能修建在较弱的地基上、施工方便等优点，适用于城市或缺乏石料的地区。其缺点是需耗用一定数量的水泥和钢筋，施工工艺较为复杂，施工工作面大。其适用范围：地基土质差且墙高 $h>5$ m 的重要工程。

当挡土墙的墙高 $h>10$ m 时，为了增加悬臂的抗弯刚度，沿墙长纵向每隔 $0.8 \sim 1.0h$ 设置一道扶壁，称为扶壁式挡土墙，如图 3.6（b）所示。扶壁（臂）式挡土墙的特点：工程量小、对地基承载力要求不高、工艺较悬臂式复杂。其适用范围：地质条件差且墙高 $h>10$ m 的重要工程。

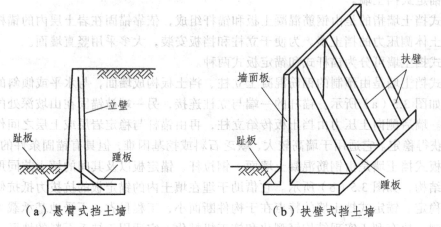

（a）悬臂式挡土墙 （b）扶壁式挡土墙

图 3.6 薄壁式挡土墙

（4）加筋土挡土墙等。

加筋土挡土墙是填土、拉筋和面板三者的结合体。由填料（土、碎石等）、拉带和立板砌块组成的加筋土承受土体侧压力的挡土墙，是在土中加入拉带，利用拉带与土之间的摩擦作用，改善土体的变形条件和提高土体的工程特性，从而达到稳定土体的目的。立板可由钢筋混凝土预制块或钢筋混凝土现浇而成，常用混凝土等级为 C20 ~ C25。拉带主要有土工合成材料和金属材料，如图 3.7 所示。

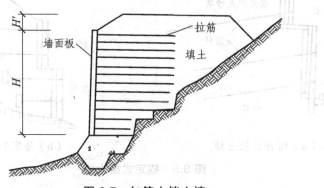

图 3.7 加筋土挡土墙

加筋土是柔性结构物，能够适应地基轻微的变形，填土引起的地基变形对加筋土挡土墙的稳定性影响比对其他结构物小，地基的处理也较简便。它是一种很好的抗震结构物，节约占地、造型美观、造价比较低，具有良好的经济效益。

4. 根据墙背形状分类

（1）直墙背挡土墙。

直墙背挡土墙的墙背是垂直的。直墙背挡土墙属于重力式挡土墙的范畴，通常墙面做成倾斜的，倾斜率为 1∶0.2～1∶0.4。这种类型的挡土墙适用于高度较低的情况，如图 3.8（a）所示。

（2）俯斜式挡土墙。

俯斜式挡土墙的墙背是俯斜的，即挡土墙的墙背在垂直的状态下绕墙背顶点做逆时针旋转所形成的斜墙背。倾斜角度一般取 10°～20°，即坡比 1∶0.2～1∶0.4。俯斜式挡土墙是应用最多的一种挡土墙，可以承受较大的土压力，通常墙面做成垂直的，稳定性好，也属于重力挡土墙的范畴，如图 3.8（b）所示。

（3）仰斜式挡土墙。

仰斜式挡土墙的墙背是仰斜的，即挡土墙的墙背在垂直的状态下绕墙背顶点做顺时针旋转所形成的斜墙背。倾斜角度一般取 8°～15°，即坡比为 1∶0.15～1∶0.3。仰斜式挡土墙墙面也是倾斜的，所以又叫贴坡式挡土墙，也属于重力式挡土墙。仰斜式挡土墙由于受到的土压力较小，能建造高度达 15～20 m 的墙体。但是其施工较麻烦，需要随边坡同时施工。仰斜式挡土墙结构如图 3.8（c）所示。

（4）台阶式挡土墙。

台阶式挡土墙的墙背是台阶形的，形成挡土墙的墙身宽度由上而下逐渐扩大。当俯斜挡土墙墙背过缓时，需要做成台阶式挡土墙。台阶式挡土墙墙面通常做成垂直的，需要时也可做成倾斜的。它也属于重力式挡土墙的范畴，如图 3.8（d）所示。

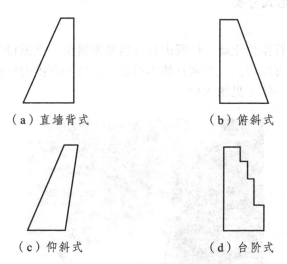

（a）直墙背式　　　　　　　　（b）俯斜式

（c）仰斜式　　　　　　　　　（d）台阶式

图 3.8　背形分类

5. 根据挡土墙墙体材料分类

根据墙体材料的不同，挡土墙又可分为砌砖挡土墙（见图 3.9）、干砌石挡土墙（见图 3.10）、浆砌石挡土墙（见图 3.11）、混凝土砌块挡土墙、混凝土挡土墙、钢筋混凝土挡土墙等。

图 3.9 砌砖挡土墙

图 3.10 干砌块石挡土墙

图 3.11 浆砌块石挡土墙

6. 根据墙面表现形式分类

（1）假山式。

指利用大块的假山石作挡土墙，使假山石自然参差错落、聚散得体，这种做法既可以满足挡土功能的需求，又可以使人欣赏到自然山石景，并且和周围的绿地产生自然的密切联系和呼应，形成和谐的统一体（见图 3.12）。

图 3.12 假山式挡土墙

在中国古典园林中，在堆土的土山山坡边叠置山石或散置山石形成的墙体，称为山石挡土墙。这些山石挡土墙的作用如下：① 用作山体的山脚。在有限的用地面积里堆叠较高土山时，常用山石作为山体的山脚，既可以缩小土山所占的底盘面积，又可以堆叠起具有相当高度和体量的假山。② 具有挡土墙的性质,阻挡和分散地表径流,防止因雨水冲刷而造成水土的流失。③ 与园路相结合,引导游人观赏山体景色。④ 在山体设计中增强山体层次和曲折变化。

作为叠石的挡土墙,一般外观上曲折多变、起伏有序、凹凸多致、有交叉退引、有断有续,讲究层次变化,并能与山脉相结合,以体现山体的自然过渡和延续。在土山设计中,还常常将护坡叠石与园路、蹬道以及亭台建筑相结合呼应,其间点缀土石相间的假山配景或种植树木利用盘根保护挡土墙的稳定。例如,颐和园和北海都是自然山石作挡土墙的佳作。

（2）花坛式。

把挡土墙设计成花坛的形式,增加绿化氛围,用绿化苗木来缓解视觉高差,不但美化了环境,降低了枯燥程度,还增强了观赏性,减轻了砌体工程给人带来的枯燥感,增加了苗木绿化给人以赏心悦目的感觉,见图3.13。也可将上述几种功能形式综合采用,增加多样性的效果,使其更加充实,更加丰富。

图3.13　花坛式挡土墙

（3）浮雕式。

采用浮雕的艺术手法美化墙体。根据设计的艺术图案造型,将各种材料加工成型并连接到挡土墙的预埋件上,使之与原有挡墙成为一个整体,用以提升墙体美观;也可以与其他雕塑手法相结合设计,通过层次、肌理和光影变化,产生强烈的视觉冲击效果,见图3.14。

图3.14　浮雕艺术墙

（4）墙画式。

墙画式挡土景墙分为两种类型：拼贴型和彩绘型。拼贴型是利用有颜色的贴面材料（如马赛克、琉璃等）根据图案进行分割、粘贴、表面处理等工序制作而成，见图3.15。由于马赛克、琉璃等贴面材料单位面积小，色彩种类斑斓，具有无穷的组合方式，所以它能将设计师的造型和设计的灵感表现得淋漓尽致，尽情展现出其独特的艺术魅力和个性气质。彩绘挡土墙是在挡土墙面层用专门的耐久绘画颜料绘制各种图案，达到美化环境、提高艺术文化品位的作用，见图3.16。

（a）

（b）

图 3.15 A Guarda 港口护堤

图 3.16 台湾高雄杉林小学手绘挡土景墙

第二节 园林中的挡土景墙

在园林中，挡土墙具有远远超乎"挡土"这一基本功能的内在价值，还发挥着造景的重要作用，并成为决定视觉效果好坏的因素之一。无论是作为单一元素，还是在台地上组成的群体墙，都产生垂直变化效果，对景观垂直视觉效果影响极大。挡土墙从垂直方向上提供了一个景观的界面，在我们视野可达的范围内形成一个比较持久的园林景观元素。墙体本身也有一些实际功能，比如可防止水土流失和创造封闭空间等。但挡土景墙的最重要作用之一是在园林中能够使坡度平面化并能创造出更多可用空间，为人们休憩、活动提供具有安全感的空间领域。挡土墙给园林景观增添了灵活性和有效性效果，还能反映地方文化，展现地域特色，表现地域特征。

一、构成类型空间

园林景观中的地形变化可以塑造空间的骨架。随着地形变化产生的挡土景墙设计需从对空间的考量开始，不仅仅将挡土景墙看作是地形的附属物，而且其对于空间的塑造也具有积极意义。

作为线性因素的挡土景墙，在空间的限定和围合方面有着明显的优势，与地形或水景结合，相辅相成，相互联系，相互制约，从空间尺度、形式变化、材料色彩以及整体风格的营造上提升景观空间的意境，创造出丰富多彩的视觉效果和变化多样的空间效果。意大利台地园由于地形的限制，对于挡土景墙的应用由来已久。文艺复兴时期的巴洛克花园中利用挡土景墙形成的"水剧场"景观（见图 3.17），就是在采用幻想式的洞窟造型的半环绕式的台地挡土墙前，创造出的半封闭的水景空间。

图 3.17　水剧场（罗马阿尔多布兰迪尼别墅园）

二、丰富景观层次

地形的高差变化可以借助挡土墙来实现，由于地形变化的复杂性，挡土墙的长度、高度尺度差别较大。挡土墙尺度上的多样化，给人带来不同的视觉感受和空间感受。当挡土墙的高度不足 1 m，并且有较长的长度时，其在空间环境中所呈现出来的形式特征可以概括为平面线性特征。平面线条可以从简洁纯净的直线、轻快柔和的曲线、富有节奏及力量的折线到不规则的形态，突出其动态和流畅感，吸引人的视线。如 Julie Moir Messerny 设计的多伦多音乐花园，在处理高差大但地势相对平坦的草坪时，利用线性挡土墙的艺术形式将草坪处理成阶梯状逐级向后退的效果，以此形成景观平面的层次感，丰富场地设计，形成音乐般的韵律感（见图 3.18）。

图 3.18　多伦多音乐花园草坪的挡土墙

当场地构筑物高差较大且具有一定的高度时，挡土墙在竖向和立面上形成丰富的艺术效果，加强了景观的层次性。挡土景墙的立面同样可以设计成平面、曲面、折面或其他几何图形形式；也可以结合挡土墙高差错落的变化，形成具有自然有机形态的挡土墙形式，如 Nelson Mandela 设计的自由公园，采用了自由浪漫的曲线挡土墙，形成了曲线立面围合的丰富而自由的空间形式（见图 3.19）。

图 3.19　南非兹瓦内自由公园

三、形成多样场地

挡土景墙的重要作用之一是在景观中能够使坡度平面化并能创造出更多可用的空间。挡土景墙解放了空间，使不同竖向上富于层次变化的场地在坡地上产生，为场地的设计提供了更加丰富的切入点。同时，挡土景墙还能与不同功能的景观元素结合，创造出满足人不同需求的空间场地，如休憩、交流、观赏、冥想等。例如日本淡路梦舞台（安藤忠雄），如图 3.20 所示，挡土墙、台阶、花台共同完成人与自然的对话。

图 3.20　日本淡路梦舞台

第三节　园林挡土景墙的设计

一、设计原则

1. 满足功能要求

无论挡土景墙具有怎样的艺术效果，其主要的功能还是保持土体的稳定性，防止水土流失。因此在园林景观设计之前，应对其功能性和安全性进行工程评估，以保证墙体的稳定。

2. 融于周边环境

作为景观要素之一，挡土景墙首先要与周边环境协调，共同营造景观设计的艺术性。郊野景观中的挡土墙设计适合粗犷的风格，材料可以就地取材，采用毛石、条石等体现环境的风格；而城市小区或广场中的挡土墙设计则需要采用比较规整的材料，设计上更需要考虑到细节尺度。挡土景墙在特定的环境会有不同的表达方式，也是承载地域特征的元素之一。因此，挡土景墙使用的材料、堆筑的形式和表达的意境均有较大差异。

3. 塑造空间意境

园林景观中的地形变化可以塑造空间的骨架。挡土墙的设计必须从对空间的考虑出发，不仅要考虑到挡土墙的功能性，更要注意挡土墙从空间尺度、形式变化、材料色彩以及整体风格的营造上能够提升景观空间的意境。

4. 选择多样材料

随着现代材料科学的发展，可供人类利用的各种材料日益丰富。除了传统的砖、木、石材外，现代的混凝土、钢材、玻璃以及塑料等新型材料都可以应用于挡土墙的立面设计中，碎石片、卵石、枕木、藤条、铁丝网等也可以因地制宜地使用，创造性地搭配出具有趣味、更注重细节的设计，从而让整个设计效果更为理想，更富有生命力。

5. 考虑施工方便

由于地形相对复杂，不易操作，挡土景墙的设计需要考虑施工的方便，材料的选择和砌筑的形式关系到施工的具体操作，也直接影响到挡土墙建成后的景观效果。建筑材料在满足设计要求的情况下尽可能就地取材，不但容易获取，还节约成本。

二、挡土景墙的设计

挡土墙是防止土坡坍塌、承受侧向压力的构筑物，常用砖石、混凝土、钢筋混凝土等材料筑成。设计的关键是确定作用于墙背上侧向土压力的性质、大小、方向和作用点。在园林中，挡土景墙还承担着视觉美学效果的创造和应用，因此，其设计的重点是形式与功能的结合。挡土景墙的设计形式指墙的形状和高矮。根据环境状况通常采用"五化"设计手法，即"化高为低、化整为零、化大为小、化陡为缓、化直为曲"。这五种设计手法的目的是改变挡土墙立陡且单一的设计形态，与植物等其他园林要素结合，创造适宜的生态小气候，减小了挡土墙的不利视面，增加了绿化量，又利于提高空间环境的视觉品质。

1. 化高为低

在土质好、高差较小的区域可以利用台阶或护坡的手法代替挡土墙，辅助绿化等手段过渡。即使在高差较大、放坡有困难的地方，也不必将挡土墙的砌筑高度和墙后土体吃平，可在其下部设台阶式挡土墙或者底部砌筑挡土墙，直到达到或超过土体的自然安息角，这样就减小了坡度；再在上面放坡，从而降低整个挡土墙的高度。

高差在 1 m 以内的台地，设计的挡土墙要降低高度，在 0.4 ~ 0.6 m。上面部分改放成护坡，用花草、灌木进行绿化。如果坡度大，为了保证土坡的稳定，可用空心预制水泥方砖固定斜坡，再用花草、灌木在空隙处绿化。如此，既美观、保持生态平衡，同时也省工、省时、省投资（见图 3.21）。

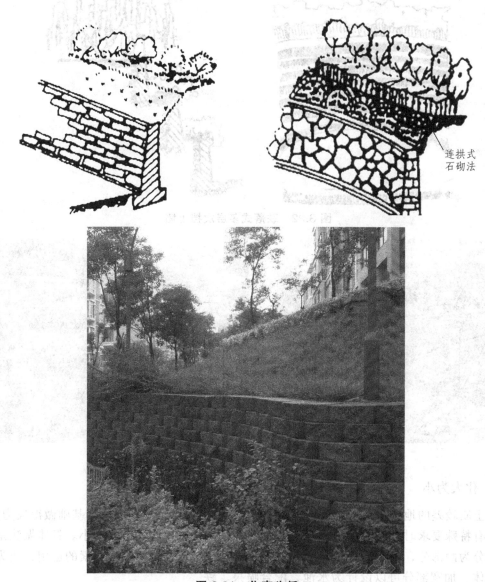

连拱式
石砌法

图 3.21　化高为低

2. 化整为零

在高差较大的地方砌筑挡土墙时,挡土墙可不用一次性砌成,以免过于庞大笨重,影响景观效果。采用化整为零的设计手法,分成多阶的挡土墙,形成层层跌落的空间,结合花坛、台阶、看台、跌水等各种园林造景手法,形成多层次、富于空间变化的景观(见图 3.22)。这样多层次设置的小墙与原先设置的高大挡土墙相比,不仅解决了视线上的郁闭、庞大、笨重感,而且也为设计者能够设计出新颖、富于创意和变化的景观提供了场所,利于挡墙与其他景观元素的结合与相互渗透。同时,挡土墙的断面也大为减小,美观与工程经济得到完美结合(见图 3.23)。

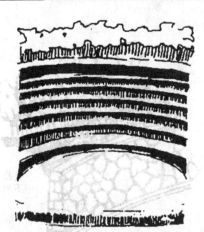

图 3.22　跌落式多层次挡土墙

图 3.23　化整为零

3. 化大为小

在土质较差的地方建造挡土墙，为了使墙体更加稳定，通常将挡土墙基础做得较为宽大。美观上有特殊要求时，可通过景观化的处理手法，将墙体的外观由大变小。具体做法是将整个墙体分为两部分，下部加宽做基础，在承重的同时，结合其他景观元素的运用，成为新景观的载体。加宽部分可以设计为水池，配合喷泉、跌水、鱼类或水生植物等；也可直接设计为种植池，形成观赏性很强的空间效果。这种设计手法使挡墙从外观看由大变小，视觉上只突出了墙体，而由植物、水景等景观元素掩映了下部基础部分，使得挡墙显得轻盈美观，同时具有较强的视觉效果（见图 3.24）。

图 3.24　化大为小

4. 化陡为缓

由于人的视角所限，同样高度的挡土墙，对人产生的压抑感大小常常由挡土墙界面到人眼远近决定。把直立式挡土墙设计成斜面式或者台地式，同样高度的挡土墙由于挡墙界面后退，到人眼的距离变远了，被直立式挡墙遮挡的景观能够被人们看见，视野空间变得开阔，环境空间也更显得明快，见图3.25。

（a）化陡为缓示意图

（b）实例

图 3.25　化陡为缓

5. 化直为曲（折）

直线形挡土墙转化为曲线或折线，突出动态，更加能吸引人的视线，给人以舒美的感觉。尤其在一些特殊的场合，结合如纪念碑、露天剧场、球场等，流畅的曲线使空间形成明显的视觉中心，更有利于突出主要景物。

曲线形景观挡土墙给人以流动性、导向性和聚集性，同时能形成韵律感和次空间，具有强烈的导向作用，使人沿着它的路线行进，空间之间形成自然过渡，如图3.26所示。

折线是介于直线与曲线之间的一种线性形式，它可以看作是由两条或者多条直线组合而成，也表达了简洁、连续的特点。折线既可作为背景也可作为主界面，还能成为划分空间的主导。折线同时兼具曲线的特点，直线段反复的折行变化同样可形成韵律，创造出许多次空间，由此丰富景观挡土墙的内容，从而弱化边界在一些特殊地段效果，如图3.27所示。

（a）

（b）

图 3.26 化直为曲

图 3.27 化直为折

三、结合其他景观要素的设计

1. 地形与挡土景墙

（1）创造地形，平地造山。在地势较平坦的地区，要堆筑地形，挡土景墙起到了限定、围合和保护的作用；而且可以不受场地的限制，取得多变的造型，如图 3.28 所示。

图 3.28　平地改造

（2）划分空间，制约边界。当地形有持续大面积坡度变化时，即使高差变化在可以控制的范围内，依然需要利用挡土景墙来改变其空间的格局，创造出丰富的空间变化来。在应用中，又可以根据地形类型的不同分为自然式和规则式两种。自然式地形表现为蜿蜒起伏的丘陵、谷地等，通常没有明显的边界，利用挡土景墙形成竖向界面的多层界定，进一步增强园林空间的艺术效果。例如圣吉尔岗花园，见图 3.29。

（a）圣吉尔岗花园地形断面

（b）圣吉尔岗花园地形平面　　　（c）圣吉尔岗花园地形塑造

图 3.29　圣吉尔岗花园

（3）大地艺术（FarthArt）又称"地景艺术"、"土方工程"，是指艺术家以大自然作为创造媒体，把艺术与大自然有机的结合创造出的一种富有艺术整体性情景的视觉化艺术形式。"大地"的原意是具有物质意义的广大土地或者地球表面。这类设计通常是以大地为载体，使用大尺度、抽象的形式及原始的自然材料创造和谐境界的艺术实践。对大地的剖析和诠释是其艺术表达的方向之一，如华盛顿越战纪念碑，见图3.30。

（a）越战纪念碑平面

（b）越战纪念碑细部

图 3.30　华盛顿越战纪念碑

2. 水景与挡土景墙

（1）与流水结合。

挡土墙与流水结合，可以形成具有活力与动感的园林空间，营造出活泼生动、富山林野趣的情趣。利用自然石材砌筑的墙体，可成为水流的岸线，以改变水流的方向，还能成为水流跌落的障碍点，如图3.31所示。

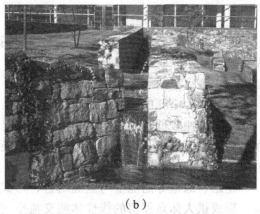

（a）　　　　　　　　　　　　　（b）

图 3.31　挡土景墙与水渠结合

（2）与落水结合。

挡土墙与跌水的结合，在景观设计中运用非常普遍，挡土墙与跌水有相同的设计前提——地形高差的变化。跌水效果视挡墙的材料与处理手法，可以形成不同的形式。日本别府市政厅广场和"青山绿水的庭"一层庭院运用挡土墙形成的高差设计出各具特色、表达各自理念与创作意图的跌水景观，如图 3.32 所示。

（a）户田芳树日本别府市政厅广场　　　（b）户田芳树日本别府市政厅广场细部

（c）枡野俊明"青山绿水的庭"跌水石材挡土墙　（d）枡野俊明"青山绿水的庭"侧面

图 3.32　与落水结合

3. 小品与挡土景墙

园林小品是园林中供休息、装饰、照明、展示和为园林管理及方便游人之用的小型建筑设施。园林小品既能美化环境，丰富园趣，为游人提供文化休息和公共活动的方便，又能使游人从中获得美的感受和良好的教益。

（1）作为坐凳的应用。

园林中比较低矮的挡土墙，可以结合坐凳，形成既具防护功能，又具有坐憩功能的多功能景观元素，多见于花坛与绿地的池壁。还可将挡墙做成跌落式台地，结合室外观演场所，形成室外看台。

花坛、绿地等的池壁与坐凳结合，形式多样，材料丰富，在个性化的设计中可以结合坐凳，形成供人休息停留的线性休憩交流空间，如图 3.33（a）、（b）所示。

跌落式挡墙与看台结合，在跌落式的室外表演场地周边，将坡地做成层层跌落式的看台，形成室外观演空间。这样既能带来视觉上的舒适、流畅与层次感，还能形成娱乐、集会活动的空间，如图 3.33（c）、（d）所示。

（a）挡土墙与坐凳相结合

（b）挡土墙与坐凳相结合

（c）挡土墙与室外看台相结合

（d）挡土墙与室外看台相结合

图 3.33　挡土墙坐凳功能应用

（2）作为景墙的应用。

景墙是园林小品的类型之一，是中国传统园林中常见的分隔和联系空间的手段，如图 3.34 所示。挡土墙作为景墙的一种形式，多具有几何形式，材料种类繁多。由于挡土墙自身的特殊性（一面作为支撑结构与土壤结合），对挡土墙立面的加工以及艺术性的装饰的处理是常用的手法。这种挡土墙的运用方法主要有三种：彩绘法、浮雕法、拼贴法（详见挡土墙的分类）。

（a）浮雕挡土景墙　　　　　　　　　　（b）彩绘挡土景墙

图 3.34　景墙式挡土墙应用

（3）作为廊架的应用。

挡土墙可以作为花架一边的支撑结构，与花架结合，形成挡墙式的花架休息交流空间，如图 3.35 所示。视挡墙高度，整个构筑物可以是通透的，也可以是半私密的空间。在西方古典园林中，特别是意大利台地园中，台地的挡土墙做成拱廊形式，与上下台地的台阶结合，挡墙与柱式、浮雕结合，卷拱中放置雕塑，同时结合小的水景，最终形成空间丰富的交通和景观融为一体的半封闭式台地空间。

（a）挡土墙与廊架相结合　　　　　　　　（b）挡土墙与花架相结合

图 3.35　廊架式挡土墙应用

（4）与其他小品的结合。

可以将挡土墙表面经过装饰处理，形成阅报栏、宣传栏及广告海报等，既可赋予具体的功能，又可以形成点景，丰富人们的业余活动，增添浓郁的生活气氛，如图 3.36 所示。

图 3.36 挡土墙宣传栏

四、挡土景墙种植设计

挡土墙是园林绿化的载体之一。无论是攀缘灌木或藤本植物，还是耐旱的草本植物，以及适合于在坡地与台地生长的一切植物，都能够与挡土墙结合在一起，形成独具特色的绿色空间。

1. 挡土墙绿化种植原则

（1）选材恰当，适地适树。

根据挡土墙不同的环境特点、设计意图，科学地选择植物种类。首先要选择适宜当地气候条件生长的种类；其次，还要考虑各种植物的生物学特性；再次，还要考虑挡土墙的具体情况。比如，比较粗糙的砖墙、石墙等适合选择攀附类的植物种类，而石笼挡土墙除了攀援类的植物可以使用外，还可选择缠绕类的植物。

（2）合理搭配，因地制宜。

适用于挡土墙绿化的植物种类繁多，姿态各异，其茎、花、果在形态、色彩、芳香、质感等方面各表现出不同的美感。在应用时，利用不同种类之间的合理搭配，如常绿与落叶、阳性与阴性、快生与慢生的搭配，不同花期、色彩的搭配等，既能弥补单一种类观赏特性的缺陷，实现植物形、色、香的完美结合，又可延长观赏期。

2. 挡土墙绿化植物种类与选择

（1）地被植物。

地被植物是指体形上低度匍匐，能够覆盖裸露地表的草本、灌木等，大面积覆盖于坡地、林下以及其他地段，管理相对较弱，不需要修剪和留割的植物种类。

地被植物通常用于挡土墙形成的台地、花坛中，既可以塑造植物的群体美，也可以模仿花径，形成丰富的自然植物群落，塑造自然、野趣的感觉。

图 3.37　植物与挡土墙的搭配

（2）绿篱植物。

绿篱是由灌木或小乔木以近距离的株行距密植，栽成单行或多行，遵循紧密结合规则的种植形式。根据植物的类型分为花篱、果篱、刺篱等。绿篱植物需要选择耐修剪、抗性强、生长较慢且寿命长的植物。

绿篱通常也用于挡土墙形成的台地、花坛中。与地被植物不同，绿篱与挡墙共同塑造了一种几何美感，形成规整、简洁、明快的极简风格的景观环境。这种情况用于城市中的建筑环境较多。

（3）镶嵌植物。

这一类植物主要用于生态性的挡土墙。墙体由透空的、满足基本承重作用的预制构件搭接而成，构件中可以填充种植土，作为种植植物的基质。由于生长环境恶劣，通常选用耐瘠的小型植物镶嵌在墙体中，如蕨类、苔藓类、岩石植物等。

（4）攀缘植物。

攀缘植物是指能缠绕或依靠附属器官攀附他物向上生长的植物，分为吸附类、卷须类、缠绕类和攀附类四种。

吸附类植物是借茎卷须末端膨大形成的吸盘或气生根吸附于他物表面或穿入内部而附着向上，某些种类甚至能牢固吸附于玻璃、瓷砖等表面光滑的物体。这类植物的攀缘能力较强。常见种类有：爬山虎、五叶地锦、常春藤、凌霄、络石等。

卷须类植物凭借卷须、叶柄、叶片而攀缘向上。常见的有珊瑚藤、葡萄、蛇葡萄、观赏南瓜、观赏葫芦、香豌豆、小葫芦、丝瓜等。这类植物的攀缘能力较强。常见的栽培品种有：

葡萄、炮仗花、观赏南瓜、葫芦、丝瓜、香豌豆、西番莲等。

缠绕类植物凭借自身缠绕支撑物向上蔓延生长，攀缘能力强。常见的栽培品种有：紫藤、木通、金银花、笃萝牵牛、扁豆等。

攀附类植物没有特殊的攀缘器官，仅靠细柔而蔓生的枝条，有的种类枝条具有倒钩刺，在攀缘中起到了一定的作用，个别种类的枝条先端偶尔缠绕。这类植物主攀缘能力较弱。常见的栽培品种有：蔷薇、木香等。

（5）悬垂植物

悬垂植物是指将植物种植于挡土墙顶端的种植池，使其悬挂而下，犹如墙面垂帘，景观动感很强，同时也不妨碍墙面的质地与装修效果的展示。这种形式适合在光洁或墙面质地富于变化的墙体运用，常用的植物有迎春、常春藤等线条感较强的植物。这类植物和攀缘植物有类似的景观效果。

植物是园林设计的基本要素，也是最具特色的元素。园林设计中最不可或缺的元素可能就是植物。但是在具体运用中，需要灵活搭配，以创造出丰富的植物景观。同一墙面的绿化，往往需要不同种类植物搭配，混合使用，才能具有较好的生态作用和观赏效果。（见附录 1 挡土景墙种植设计常用树种和花卉一览表）

五、挡土景墙的材料

在古代有用麻袋、竹筐取土，或者用铁丝笼装卵石成"石龙"，堆叠成庭院假山的陡坡，以取代挡土墙，也有用木桩插板做挡土墙的。这些土、铁丝、竹木材料都用不太久，所以现在的挡土墙常用石块、混凝土等坚固、不易腐蚀的硬质材料构成。

材料的选择，取决于挡土墙所在的空间的整体景观，原则是协调统一。人为景观为主的环境，往往用贴面，如广场；自然景观为主的环境，往往不用贴面，如自然风景区、郊野景观等。不同的材料产生不同的色彩感觉与空间肌理，相应所产生的空间氛围也就截然不同。也就是说，每种材料都有最合适它的"舞台"，材料的选择至关重要。

1. 材料的种类

（1）石材。

石材是指从天然岩体中开采出来的，并经加工成块状或板状材料的总称。不同大小、形状和区域特色的石块，都可以用于建造挡土景墙。石块一般有两种形式：毛石（或天然石块）、加工石。无论是毛石或加工石，用来建造挡土墙都可使用浆砌法或干砌法。浆砌法，就是将各石块用粘结材料粘合在一起。采用干砌法时，不用任何粘结材料来修建挡土墙，而是将各个石块巧妙地镶嵌成一道稳定的砌体，在重力作用下，每块石头相互咬合十分牢固，墙体的稳定性较好。

石材作为挡土墙材料，经过不同的处理手法，形成不同的色彩、纹理、质感。块石表面凹凸不平，可产生丰富的光影效果；人工剖光，又可以形成平滑细腻的平整墙面，如图 3.38 所示。

图 3.38 石材挡土墙

（2）砖。

砖的种类繁多，主要有烧结砖（主要指黏土砖）和非烧结砖（灰砂砖、粉煤灰砖等）。砖运用于挡土墙，通常都是砂浆砌筑，通过不同的拼合方式，结合缝隙的不同处理方式，创造出不同的纹理和质感。不同色彩的砖也可搭配使用，形成墙面色彩的丰富变化，如图 3.39所示。

图 3.39 砖砌挡土墙

（3）混凝土。

混凝土运用于砌筑挡土墙时，主要采用两种方式：现浇和预制砌块。浇筑混凝土具有灵活性和可塑性。混凝土砌块是预先制作好的模数化的块料，有不同大小、形状、色彩和结构标准。从形状或平面布局而言，预制混凝土没有现浇的灵活和可塑的特性，如图3.40所示。

图3.40　混凝土挡土墙

（4）石笼。

在园林工程中，石笼是常见的一种以生态格网结构砌筑挡土墙的材料。由于它较好地实现了工程结构与生态环境的有机结合，所以在世界范围内已经成为最常见的挡土墙材料之一。石笼指在重型长方形铁丝筐里面装上石头，安放在墙的位置。石笼因为有一定的大小和质量而使墙变得十分稳定。在石笼里面，石头大小和形状的不同使墙的艺术效果变得丰富多彩，如图3.41所示。

图3.41　石笼挡土墙

（5）木材。

木材是与人类关系最密切的一种材料，它作为挡土墙的材料，常应用于庭院、花园等小尺度的空间中。无论选择哪种木质材料，设置适宜的景观挡土墙体不仅可以护坡，还会增强景观的自然效果。由于使用的木材种类、条纹、砌筑方式的不同，木质挡墙还能产生不同的形式。另外，经处理的切割成合适尺寸的木材还可以做成木笼挡土墙，在开口的箱笼中填充石块或土壤，可在里面种植花草，极具自然特色，如图 3.42 所示。

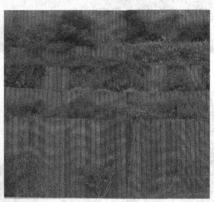

（a）木栏式挡土墙

（b）木梁式（格栅式）挡土墙　　　　　　　（c）木笼（板）式挡土墙

图 3.42　木材挡土墙

（6）金属。

园林中常用的金属材料是铜和钢。

不锈钢板作为园林中挡土墙的材料，用于比较低矮的挡土墙设计，可以产生意想不到的景观效果。不锈钢板作为预制构件，可塑性非常强，极具雕塑感，有弧形、拱形、折线形等；同时，还能结合不同的颜色，形成与周边环境和总体设计协调一致的风格[如巴塞罗那市政厅庭院，见图 3.43（a）]。

铜雕主要用作挡土墙的浮雕贴面材料。其一般作为雕刻的预制块件，最终固定在挡土墙的表面，起到装饰作用[如加拿大魁北克 Cap-Rouge 挡土墙，见图 3.43（b）]。

（a）巴塞罗那市政厅庭院

（b）巴塞罗那市政厅庭院

（c）加拿大魁北克 Cap-Rouge 挡土墙

（d）加拿大魁北克 Cap-Rouge 挡土墙

图 3.43

（7）锦砖。

锦砖分为陶瓷锦砖和玻璃锦砖两种，具体形式丰富多样，如马赛克、釉面砖、玻璃砖、陶片、瓷片等。作为挡土墙的材料，主要用作墙面装饰材料，极具装饰艺术。锦砖色彩种类繁多，具有无穷的组合方式，它能将设计师的造型和设计的灵感表现得淋漓尽致，尽情展现出其独特的艺术魅力和个性气质。

锦砖在挡墙的墙面装饰中，通常使用许多小块或有色碎片拼成图案、形成壁画等，图案内容丰富，取材多样，可以展现地方文化，也可展示特定的艺术主题。锦砖本身颜色丰富亮丽，可提升环境的色彩和文化氛围，如图 3.44 所示。

图 3.44　锦砖挡土墙

2. 材料的质感

挡土墙的质感、色彩与材料的选择密不可分。材料本身就有变幻无穷的质感和颜色，这是它们的固有属性。材料经过组合，质感与颜色也会发生相应的变化，详见表 3.2。

相同的材料，经过不同的处理手法可以产生不同的质感。质感的形成可分为自然和人工两种。自然的质感突出粗犷的特点，力求展现材料的本来面貌；而人工斧凿的质感要求细腻。

表 3.2　不同材料的质感表达

质感	材质	说　明
粗糙	自然石	粗糙不规则，适用于自然环境，也可用于规则环境做陪衬
	花岗岩	有多种处理手法。可形成粗糙表面的方法有机刨、斧剁、锤击、火烧等，适合于规整环境
	混凝土	可塑性强。除做墙体材料外，外表也可处理成各种各样的纹理。还能显现集料的质感
	其他贴面	一些贴面可产生粗糙效果，如卵石、水洗石、蘑菇石、文化石等
平滑	花岗岩	进行磨光、抛光处理，表面呈光滑镜面，并有斑点等花纹
	木材	自然的纹理和较好的可塑性。木材有不同的观赏特性，从精致木材到天然原木，再到粗壮的木材或铁路枕木
	混凝土	除塑造出不同形状的花纹，还可以用清水混凝土，或者粘贴平滑的墙面材料
	砖	砖具有城市特征，与石块相比能形成平滑的表面，有助于建筑物与墙体的统一
	金属	耐腐、轻盈、高雅、力度且有良好的可塑性。可出现简单的造型，也可塑造出复杂的图案
	陶瓷、琉璃	丰富的颜色和华美的色泽，灵活拼贴，极具艺术感，不易沾污，坚实耐用

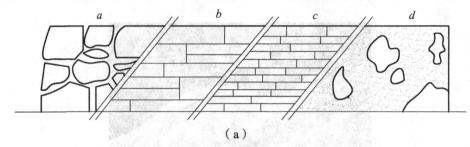

（a）

a—块石、片石、毛石、卵石；b—条石、石板、精细加工的片石；c—页岩、砖块；
d—装饰性混凝土塑墙（拉毛、塑花板、集料外露等）。

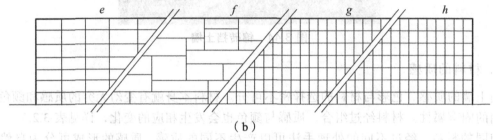

（b）

e—混凝土划块、块料贴面；f—装饰性板材贴面；g—锦砖等装饰性墙；
h—混凝土预制块、组合拼接花墙等。

图 3.45　不同材质的表现方式

　　在挡墙设计中，有意识的利用色彩的变化，可以丰富和加强空间的气氛。挡土墙的颜色主要由材料的颜色所决定，营造不同的氛围，选择不同的材料，而材料的颜色又决定了景观的表达，产生不同的景观意义，如图 3.46 所示。

图 3.46　不同材质的景观表现

第四节　园林挡土景墙结构

一、挡土景墙结构的基本形式

　　园林设计中，挡土结构大致来说可分为两类：刚性结构和柔性结构。

1. 刚性结构

当有特殊需求或者不允许结构有任何移动时，要采用刚性结构。通常，刚性结构意味着在重力墙中使用混凝土和砖石，或者是结构上采用加固悬臂墙形式。刚性结构需要混凝土灌制延伸到该地区冻层以下的基础，以增强墙体的稳定性，避免由于冻土交替、土壤膨胀和收缩带来的墙体移动。必要时，还需要钢筋来增强基础的强度，使其避免断裂。刚性结构主要包括浆砌砖石、浇筑混凝土等。

2. 柔性结构

柔性结构包括干砌块石、干砌混凝土预制块、石笼、木材和其他任何非刚性的构筑物。柔性结构常使用下沉的砂质地基或压实的颗粒材料地基来提高排水能力，并形成平坦的表面。柔性结构的优点在于它能容许一定程度的沉陷，而对本身不会产生太明显的影响。

二、挡土景墙构造

1. 挡土墙剖面细部构造

（1）重力式挡土墙。常见的断面形式有三种：直立式、倾斜式和台阶式，其结构如图 3.47、图 3.48 所示。

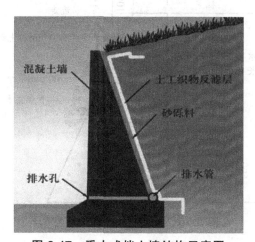

图 3.47　重力式挡土墙结构示意图

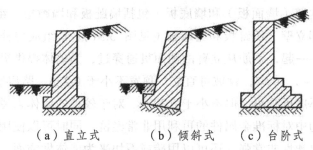

（a）直立式　　（b）倾斜式　　（c）台阶式

图 3.48　重力式挡土墙断面形式

直立式挡土墙是指墙面基本与水平面垂直，但允许有 10：0.2~10：1 的倾斜度。倾斜式挡土墙常指墙背向土体倾斜，倾斜坡度在 20°左右的挡土墙。台阶式挡土墙用于更高的挡土墙时，为了适应不同土层深度的土压力和利用土的垂直压力增加稳定性，可将墙背做成台阶式。

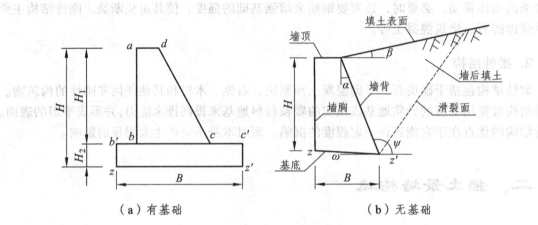

（a）有基础　　　　　　　　　　（b）无基础

图 3.49　直立式挡土墙

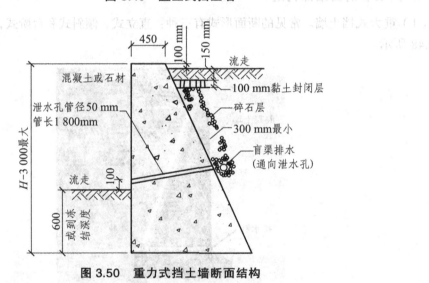

图 3.50　重力式挡土墙断面结构

（2）悬臂式挡土墙。

悬臂式挡土墙由立壁（墙面板）和墙底板（包括墙趾板和墙踵板）组成，呈倒"T"字形，具有三个悬臂，即立壁、墙趾板和墙踵板（见图 3.51）。其组成部分由从墙底板贯通至立壁的钢筋牢牢连接在一起，钢筋从立壁的侧面贯通穿过，为墙体提供纵向的加固措施。

面坡常用 1：0.05~1：0.02，背坡可直立。顶宽不小于 0.2 m，路肩墙大于 0.2 m，踵板采用等厚，趾板端部厚度可减小，但不小于 0.30 m。对于较长的墙体来说，钢筋混凝土的悬臂墙尤为适用，此结构中对标准金属件的再利用非常经济。同时可以使用模版来形成特殊的质感纹理效果，面层可塑性非常强，还可以用砖或石块来为墙体做饰面。

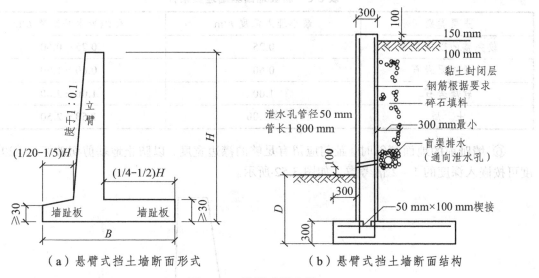

（a）悬臂式挡土墙断面形式　　　（b）悬臂式挡土墙断面结构

图 3.51　悬臂式挡土墙

2. 挡土墙的基础

（1）基础类型。基础的形式在第一章已做介绍，这里不再重复，基础形式可根据挡土墙的具体情况来进行选择。一般情况下，挡土墙的基础可直接修筑在天然地基上。但地基较弱、地形平坦，墙身超过一定高度时，可在墙趾处伸出一台阶，以扩大基础。墙趾台阶的宽度视基底应力需减小的程度而定，但不得小于 20 cm。台阶的高宽比可采用 3∶2 或 2∶1。当基地应力超出地基允许承载力需加宽很多时，为避免台阶过高，可采用钢筋混凝土底板。此外，墙趾处地面横坡较陡，而地基较为完整坚硬的岩层，其基础可做成台阶式，以减小基坑开挖和节省人工。

（2）基础埋深。

挡土墙宜采用明挖基础。基底建筑在大于 5% 纵向斜坡上的挡土墙，基底应设计为台阶式。基础位于横向斜坡地面上时，前趾埋入地面的深度和距地表的水平距离应满足表 3.3 的要求。埋置深度应符合下列要求：

①　当冻结深度小于或等于 1 m 时，基底应在冻结线以下不小于 0.25 m，并应符合基础最小埋置深度不小于 1 m 的要求。

②　当冻结深度超过 1 m 时，基底最小埋置深度不小于 1.25 m，还应将基底至冻结线以下 0.25 m 深度范围的地基土换填为弱冻胀材料。

③　受水流冲刷时，应按路基设计洪水频率计算冲刷深度，基底应置于局部冲刷线以下不小于 1 m。

④　路堑式挡土墙基础顶面应低于路堑边沟地面不小于 0.5 m。

⑤　在风化层不厚的硬质岩石地基上，基底一般应置于基岩表面风化层以下；在软质岩石地基上，基底最小埋置深度不小于 1 m。

表 3.3　斜坡地面基础埋置条件

土层类别	最小埋入深度 h/m	距地表水平距离 L/m
较完整的硬质岩石	0.25	0.25～0.50
一般硬质岩石	0.60	0.60～1.50
软质岩石	1.00	1.00～2.00
土　质	≥1.00	1.50～2.50

⑥ 墙趾前的地面倾斜时，趾前应留有足够的襟边宽度，以防止地基剪切破坏。襟边的宽度可按嵌入深度的 1～2 倍考虑，如图 3.52 所示。

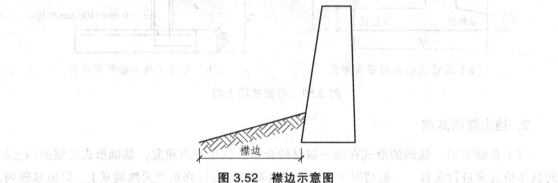

图 3.52　襟边示意图

3. 墙体沉降伸缩缝

挡土墙沉降缝与伸缩缝的设置详见第一章。其设置如图 3.53 所示。

图 3.53　挡土墙伸缩缝设置

4. 挡土墙排水设计

挡土墙后土坡的排水处理对于维持挡土墙的安全意义重大，因此，应给予充分重视。常用的排水处理方式有三种：

（1）地面封闭处理，即在土壤渗透性较强而又无特殊使用要求时，可作 20～30 cm 厚夯实黏土层或种植草皮封闭，还可采用胶泥、混凝土或浆砌毛石封闭。

（2）设地面截水明沟，即在地面设置一道或数道平行于挡土墙的明沟，利用明沟纵坡将降水和上坡面径流排除，减少墙后地面渗水，必要时还要设纵横向盲沟，力求尽快排除地面水和地下水，如图3.54所示。

（3）内外结合处理，即在墙体之后的填土之中，用乱毛石做排水盲沟，盲沟宽不小于50 cm。经盲沟截下的地下水，再经墙身的泄水孔排至墙外，如图3.55、图3.56所示。

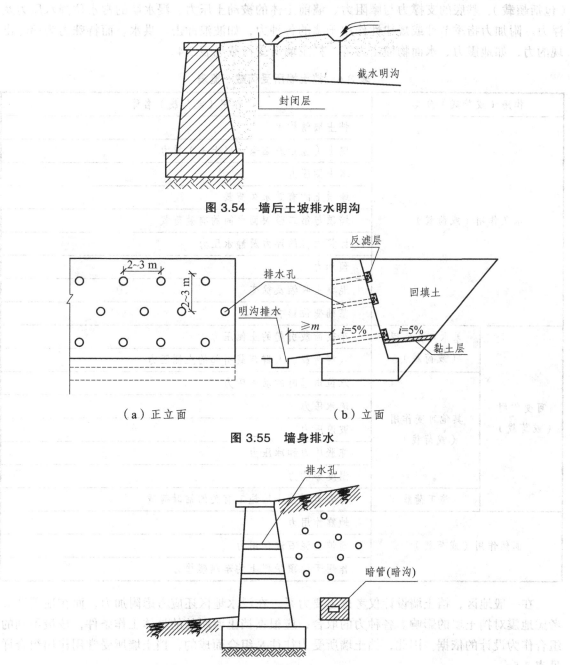

图 3.54　墙后土坡排水明沟

（a）正立面　　　　　　（b）立面

图 3.55　墙身排水

图 3.56　墙背排水盲沟和暗沟

三、挡土墙的相关受力分析

1. 挡土墙受力分析

挡土墙在实际使用过程中，一般会受到主要力系、附加力和特殊力的影响。主要力系是指挡土墙主要受到的影响力，包括：挡土墙自重及位于墙上的衡载、墙后土体的主动土压力（包括超载）、基底的支撑力与摩阻力、墙前土体的被动土压力、浸水墙的常水位静水压力及浮力。附加力指季节性或规律性作用于墙的各种力，如波浪冲击、洪水。而特殊力为偶然出现的力，如地震力、水面物撞击力等。挡土墙所受荷载见表 3.4。

表 3.4　挡土墙所受荷载一览表

作用（或荷载）分类		作用（或荷载）名称
永久作用（或荷载）		挡土墙结构重力
		填土（包括基础襟边以上土）重力
		填土侧压力
		墙顶上的有效永久荷载
		墙顶与第二破裂面之间的有效荷载
		计算水位的浮力及静水压力
		预加力
		混凝土收缩及徐变
		基础变位影响力
可变作用（或荷载）	基本可变作用（或荷载）	车辆荷载引起的土侧压力
		人群荷载、人群荷载引起的土侧压力
	其他可变作用（或荷载）	水位退落时的动水压力
		流水压力
		波浪压力
		冻胀压力和冰压力
		温度影响力
	施工荷载	与各类型挡土墙施工有关的临时荷载
偶然作用（或荷载）		地震作用力
		滑坡、泥石流作用力
		作用于墙顶护栏上的车辆碰撞力

在一般地区，挡土墙设计仅考虑主要力系，在浸水地区还应考虑附加力，而在地震区应考虑地震对挡土墙的影响。各种力的取舍，应根据挡土墙所处的具体工作条件，按最不利的组合作为设计的依据。因此，挡土墙所受力往往是组合而成的，挡土墙所受常用作用组合详见表 3.5。

表 3.5　挡土墙常用作用（含荷载）组合

组合	作用（或荷载）名称
Ⅰ	挡土墙结构重力、墙顶上的有效永久荷载、填土侧压力及其他永久荷载组合
Ⅱ	组合Ⅰ与基本可变荷载相结合
Ⅲ	组合Ⅱ与其他可变荷载、偶然荷载相结合

注：① 洪水与地震力不同时考虑；
　　② 冻胀力、冰压力与流水压力或波浪压力不同时考虑；
　　③ 车辆荷载与地震力不同时考虑。

2. 挡土墙的计算

挡土墙的截面一般按试算法确定，即先根据挡土墙所处的条件凭经验初步拟定截面尺寸，然后进行挡土墙的验算；如不满足要求，则应改变截面尺寸或采取其他措施。

挡土墙的计算通常包括下列内容：① 稳定性验算，包括抗倾覆和抗滑移稳定验算；② 地基的承载力验算；③ 墙身强度验算。

3. 挡土墙稳定性的加固措施

挡土墙的稳定性破坏通常有两种形式：一种是在主动土压力作用下外倾，对此应进行倾覆稳定性验算；另一种是在土压力作用下沿基底外移，这时需进行滑动稳定性验算。

针对挡土墙稳定性的破坏形式，可通过以下措施来加固：

（1）增强抗滑动稳定性的措施。

① 采用凸榫基础；

② 更换基地土层；

③ 改变强身断面尺寸。

（2）增强抗倾覆稳定性的措施。

① 加宽墙趾；

② 减缓墙面坡度；

③ 改陡墙背坡度；

④ 墙背设置衡重台。

练习与思考

1. 挡土墙的类型有哪些？
2. 挡土墙各部分设计的要点是什么？
3. 挡土墙出现不稳定现象时应采取什么措施？
4. 根据下图所给标高状况，为建筑周边设计挡土墙。

要求：（1）满足工程设施要求。

（2）应用课程知识，设计与地形状况和周边环境相符的挡土墙。设计切合实际，挡土墙与其他园林要素紧密结合。创造环境的视觉焦点。

（3）平立剖面，比例1∶100。自行选择效果表现方式。

（4）最终成果提交版面，并附设计说明。

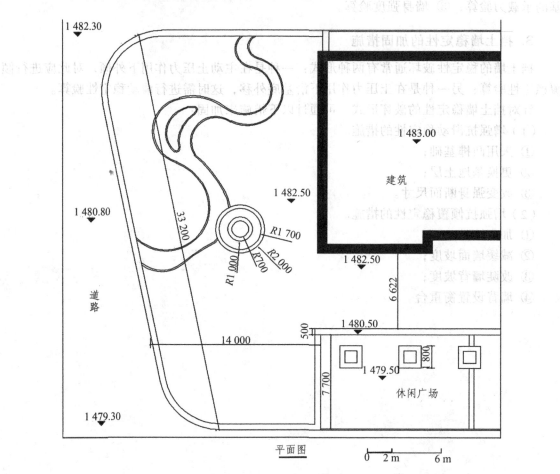

平面图

0   2 m   6 m

园林土方工程施工

【本章任务】 通过本章学习，熟悉园林土方工程施工准备工作，能够对场地进行放线；掌握挖、填方工程施工技术要点；掌握土方工程施工质量要求及特殊问题处理方法。

第一节 土方工程施工准备工作

在园林施工中，土方工程是一项比较艰巨的工作，根据其使用期限和施工要求，可分为永久性和临时性两种。但不论是永久性还是临时性的土方工程，都要求具有足够的稳定性和密实度，工程质量和艺术造型都应符合原设计的要求。同时在施工中还要遵守有关的技术规范和原设计的各项要求，以保证工程的稳定和持久。土方工程的施工按照步骤大致分为准备阶段、清理现场、定点放线阶段和施工阶段。

一、准备工作

土方工程由于施工面较宽、工程量较大，因而施工组织工作就更显重要，大规模的工程应根据施工力量和投资条件，或者全面铺开或者分区、分期进行。所以，准备工作和组织工作不仅应该先行，而且要做得周全细致，否则会因为场地大或施工点分散等原因而造成窝工或返工，从而影响工效。准备工作具体包括以下内容：

1. 研究图纸

现场施工技术小组应在工程施工前完成以下的文案工作：

（1）了解工程规模、特点、工程量和质量要求；检查图纸和资料是否齐全；核对平面尺寸和标高，图纸相互间有无错误和矛盾；掌握设计内容和技术要点。

（2）熟悉土壤地质、水文勘察资料，搞清楚构筑物与周围地下设施管线的关系，以及它们在每张图纸上有无错误和冲突。

（3）研究好开挖程序，明确各专业供需间的配合关系、施工工期要求。

（4）召开技术会议，向参加施工人员层层进行技术交底。

2．现场踏勘

按照图纸到施工现场实地勘察，摸清工程场地情况，以便为施工提供可靠的资料和数据。内容包括：

（1）施工场地的地形、地貌、土质、水文、河流、气象条件。

（2）各种管线、地下基础、电缆坑基和防空洞的位置及相关数据。

（3）供水、排水、供电、通讯及防洪系统的情况。

（4）植被、道路以及邻近的建筑物的情况。

（5）施工范围内的地面障碍物和堆积物的状况。

3．编制施工方案

在研究图纸和现场勘察的基础上，研究并制订施工方案。方案内容包括：

（1）确定工程指挥部成员名单，以确保各项施工工作能够顺利实施。名单包括工程总指挥、总工程师、工程调度、各项目负责人、现场技术人员等。

（2）安排工程进度表和人员进驻进程表，以确保工程按期、有序完成。

（3）制订场地平整、土方开挖、土方运输、土方填压方案，包括时间、范围、顺序、路线、人员安排等。绘制土方开挖图、土方运输路线图和土方填筑图。

（4）根据设计图纸，确定具体技术方案，包括确定底板标高、边坡坡度、排水沟水平位置，提出支护、边坡保护和降水方案。

（5）确定堆放器具和材料的地点，确定挖去的土方堆放地点，并具体划定出好土和弃土的位置，确定工棚位置。

（6）提出需用施工工具、材料和劳力数量。

（7）绘制施工总平面布置图。

4．修建临时设施和道路

（1）临时设施的修建。根据土方工程的规模、工棚、施工力量安排等修建简易的临时性生产和生活设施，包括休息棚、工具库、材料库、油库、机具库、修理棚等。同时附设现场供水、供电、供压缩空气（爆破石方用）的管线，并试水、试电、试气。

（2）临时道路的修建。修筑施工场地内机械运行的道路，主要临时运输道路宜结合永久性道路的布置修筑。道路的坡度、转弯半径应符合安全要求，两侧设排水沟。

5．准备机具、物资及人员

（1）机具和物资的准备。做好设备调配，对挖土、运输等工程施工机械及各种辅助设备进行维修检查，试运转，并运至使用地点就位；准备好施工用料及工程用料，并按施工平面图要求堆放。对准备采用的土方新机具、新工艺、新技术、组织力量进行研制和试验。

（2）人员的准备。组织并配备土方工程施工所需各项专业技术人员、管理人员和技术工人；组织安排好作业班次；制订较完善的技术岗位责任制和技术质量、安全、管理网络；建立技术责任制和质量保证体系。

二、清理现场

1. 清除现场障碍物

在施工场地范围内，凡有碍施工作业或影响工程稳定的地面物体或地下物体都应该进行清理。具体包括：

（1）拆除建筑物和构筑物。建筑物和构筑物的拆除，应根据其结构特点进行工作，并严格遵照《建筑工程安全技术规范》的有关规定进行操作。

（2）伐除树木。树木的伐除，尤其是大树的清除应慎之又慎，凡是能保留的应尽量设法保留，因为大树给城市和人类所创造的生态效益是其他的物质所不能代替的。

对于排水沟中的树木，必须连根拔除。对于土方开挖深度不大于 50 cm 或天方高度较小的速生乔木、花灌木，有利用价值的，在挖掘时要注意不能伤害其根系，并根据条件找好移植地点，尽快移植，以降低工程费用。对于针叶树和大龄古木的挖掘，要慎之又慎，必要时要考虑修改设计方案。对于没有利用价值的大树树墩，除人工挖掘清理外，直径在 50cm 以上的，可以用推土机铲除。

（3）其他。如果施工场地内的地面或地下发现有管线通过，或者有其他异常物体时，除查看现状图外，还应请相关部门协同查清；未查清前不可动工，以免发生危险或造成其他损失。

2. 做好排水设施

场地积水不仅不便施工，而且也影响工程质量，在施工之前，应该设法将场地范围内的积水或过高的地下水排走。这一工作也常和土方的开挖结合起来实施。

（1）排除地面积水。施工前，根据场地的地形特点在其周围挖好排水沟。在山地施工时，为防止山洪还应在山坡上做好截洪沟。这样就能够保证施工场地内的排水的通畅，而且场地外的水也就不能流入场地。或者将地面水排到低洼处，再设水泵排走。在低洼处或挖湖施工时，除挖好排水沟外，必要时还应加筑围堰或设防水堤。排水沟的纵向坡度不应小于 0.2%，沟的边坡值为 1：1.5，沟底宽、沟深不能小于 50 cm。

（2）排除地下水。排除地下水的方法有很多，但经常采用的是明沟，因为它既简单又经济。一般是按排水面积和地下水的高低来设计排水系统，先定出主干渠和集水井的位置，再定支渠的位置和数目。土壤含水量较大要求迅速排水的，支渠的分布应密集些，其间距一般在 1.5 m 左右；相反情况下的支渠分布，则可以比较疏松。

在挖湖工程中应先挖排水沟，其深度应深于水体进行深挖。排水沟可一次挖到底，也可依施工的进展情况分层下挖，具体采用哪种方式要根据出土方向而定。

3. 平整施工场地

现场障碍物清除后，应按施工要求范围和标高大致平整场地；准确的平整，则应在定点放线阶段，测设方格网的基础上进行。如果有以下情况，则应根据填方基底的不同情况，做不同的处理，然后再进行下一工序。

（1）可做回填土料的，将土方堆放到指定的弃土区。

（2）对于影响工程质量的淤泥、软弱土层、腐殖土、草皮、大卵石、孤石、垃圾以及不宜作回填土料的稻田湿土，应分情况部分或全部挖除，或设排水沟疏干，或抛填块石、沙砾，进行妥善处理。

如果施工现场土壤的利用价值比较高，土方施工前应做好表土的保护工作。城市当中土壤表层的熟土十分宝贵，熟土的形成需要自然界很长时间的作用才能形成，而且园林工程本身也需要熟土来栽植草坪、花灌木和乔木。所以，在施工之初应先用推土机将施工地段的表土推到施工场地指定处，等到绿化栽植阶段再把表土铺回来。这一过程虽然比较麻烦，但可以降低工程总造价。此过程在当前实际施工中常被省略，因为进入栽植阶段时需大量从外面买种植土回填，会造成资金上的浪费。所以这一过程虽然比较麻烦，却可以降低工程总价。

三、定点放线

在清理场地工作完成后，应按设计图纸的要求，在现场进行定点放线工作。为使施工充分表达出设计意图，测设工具应尽量精确。具体步骤如下：

1. 测设控制网

根据给定的国家永久性控制点的坐标，按施工总平面要求，引测到现场。在工程施工区域设置控制网，包括控制基线、轴线和水平基准点，并做好轴线控制的测量和校核。控制网要避开建筑物、构筑物、土方机械操作及运输线路，并有保护标志；场地平整应设 10 m×10 m 或 20m×20m 的方格网，在各方各网点上做控制桩，并测出各标桩的自然地形标高，作为计算挖、填土方量和施工控制的依据。对建筑物应做定位轴线的控制测量和校核。灰线、标高、轴线应进行复核无误后，方可进行场地的平整和开挖。

2. 平整场地的放线

用经纬仪将图纸上的方格测设到地面上，并在每个交点处立桩。边界上的桩木按图纸上的要求设置。桩木的规格及标记方法如图 4.1 所示，侧面平滑，下端削尖，以便打入土中。桩木上应标示出桩号，即施工图上的方格网的标号，还要标记出施工标高，用"＋"号表示挖土、用"－"号表示填土。

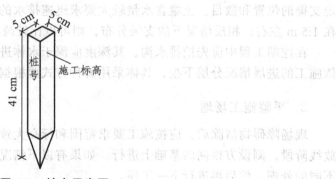

图 4.1　桩木示意图

3. 自然地形的放线

自然地形的放线比较困难，尤其是在缺乏永久性地面物的空旷地上。一般是先在施工图上设置方格网，再把方格网测放到地面上，而后在设计地形等高线和方格网的交点处设桩，并一一标到地面上打桩，桩木上也要标明桩号及施工单位，如图4.2所示。

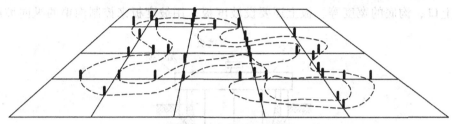

图4.2　自然地形放线

4. 山体放线

山体放线有两种方法：一种是一次性立桩，适于较低的山体，一般最高处低于5 m。由于堆山时土层不断升高，所以桩木的长度应大于每层填土的高度。一般可用长竹竿做标高桩，在桩上把每层的标高定好，见图4.3（a）。不同层可用不同的颜色做标志，以便识别。另一种方法是分层放线，设置标高桩，这种方法适用于较高的山体的堆砌，见图4.3（b）。

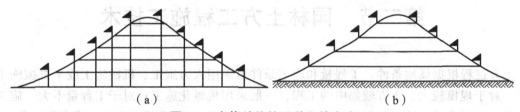

（a）　　　　　　　　　　　　　　　（b）
图4.3　山体放线的两种立桩方法

5. 水体放线

水体的放线和山体的放线基本相同，但由于水体的挖深一般较一致，而且池底常年隐没在水下，放线可以粗细些。水体底部应尽可能平整，不留土墩，这对于养鱼、捕鱼有利。如果水体打算栽植水生植物，还要考虑所栽植物的适宜深度。岸线和岸坡的定点放线应十分准确，这不仅因为它是水上部分，与造景有关，而且还与水体坡岸的稳定有很大关系。为了施工的精确，可以用边坡样板来控制边坡坡度（见图4.4）。

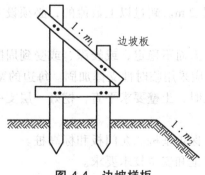

图4.4　边坡样板

6. 沟渠放线

在开沟挖槽施工时，桩木常容易被移动甚至被破坏，从而影响校核工作，所以实际工作中一般使用龙门板（见图 4.5）。龙门板的构造简单，使用方便。龙门板之间的距离由沟渠纵向坡度的变化情况而定，一般每隔 30~100 m 设置一块龙门板。板上应标志出沟渠中心线的位置、沟上口、沟底的宽度等。板上还要设坡度板，用坡度板来控制沟渠的纵向坡度。

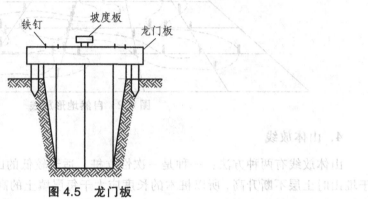

图 4.5　龙门板

第二节　园林土方工程施工技术

土方过程根据场地条件、工程量和施工条件可采用人力施工、机械施工或半机械施工等方法。对于规模较大、土方较集中的工程，一般采用机械化施工；对于工程量不大、施工点较分散的工程或受场地的限制不便采用机械施工的地段，一般采用人力施工或半机械化施工。具体施工过程包括挖土、运土、填土、压实四个方面的内容。

一、土方开挖

1. 土方开挖的一般要求

（1）工程应有合理的边坡。必须垂直下挖的，松软土不得超过 0.7 m，中等密度者不得超过 1.25 m，坚硬土不得超过 2 m。超过以上数值的，必须设支撑板或者保留符合规定的边坡值，具体数值参照表 1.6。

（2）当开挖的土体含水量大而不稳定，或较深、或受到周围场地限制而需要较陡的边坡或直立开挖，且土质较差时，应采用临时性支撑加固。每边的宽度应为基础宽加 10~15 cm，用于设置支撑加固结构。挖土时，土壁要求平直，挖好一层支一层支撑，挡土板要紧贴土面并用小木桩或横撑木顶住挡板。

（3）在施工过程中要注意保护基桩、龙门板和标高桩。

（4）遵守其他施工操作规范和安全技术要求。

（5）在已有建筑侧挖基坑（槽）应间隔分段进行，每段不超过 2 m，相邻段开挖应待已挖好的槽段基础完成并回填夯实后进行。

（6）弃土应及时运出。在挖方边缘上侧临时堆土或堆放材料以及移动施工机械时，应与基坑边缘保持 1 m 以上的距离，以保证坑边直立壁或边坡的稳定。当土质良好时，堆土或材料应距挖方边缘 0.8 m 以外，高度不宜超过 1.5 m。

（7）场地挖完后应进行验收，做好记录。如发现地基土质与地质勘探报告、设计要求不符时，应与有关人员研究及时处理。

另外还应注意以下问题：

（1）场地开挖应注意的问题。挖方上边缘至土堆坡脚的距离，应根据挖方深度、边坡高度和土的类别确定。当土质干燥密实时，不得小于 3 m；当土质松软时，不得小于 5 m。在挖方下侧弃土时，应将弃土堆表面整平低于挖方场地标高，并向外倾斜，或在弃土堆与挖方场地之间设置排水沟，防止雨水排入挖方场地。

（2）边坡开挖应注意的问题。

① 场边边坡开挖应采取沿等高线自上而下，分层、分段依次的进行。

② 开挖应严格按要求放坡。操作时应随时注意土壁的变化情况，如发现有裂纹或坍塌现象，应及时进行支撑或放坡，并注意支撑的稳固和土壁的变化。放坡后坑槽上口宽度由基础底面宽度及边坡坡度来决定，坑底宽度每边应比基础宽 15~30 cm，以便于施工操作。当采取不放坡开挖时，应设置临时支护，各种支护应根据土质及深度经计算后确定。

③ 挖方边坡坡度应根据使用时间（临时性或永久性）、土的种类、土的物理学性质、水文情况等确定。对于永久性场地，挖方边坡坡度应按设计要求放坡，如设计中没有做规定，应根据工程地质和边坡高度，结合当地实践经验确定。

④ 边坡台阶开挖，应做成一定坡势，以利泄水。边坡下部没有护脚及排水沟时，在边坡修完后，应立即处理台阶的反向排水坡，进行护脚矮墙和排水沟的砌筑和疏通，以保证坡面不被冲刷，保证在影响边坡稳定的范围内不积水，否则应采取临时性排水措施。

⑤ 在边坡上采取多台阶同时进行开挖时，上台阶与下台阶开挖进深不少于 30cm，以防塌方。

⑥ 对于软土土坡或极易风化的软质岩石边坡，应对坡脚、坡面采用喷浆、抹面、嵌补、砌石等保护措施，并做好坡顶、坡脚排水，避免在影响边坡稳定的范围内积水。

（3）基坑（槽）开挖应注意的问题。

① 基坑开挖应尽量防止对地基土的扰动。

② 当基坑较深或晾槽时间很长时，为防止边坡失水松散或地面水冲刷、浸润影响边坡稳定，应采用边坡保护措施。

③ 相邻基坑开挖时，应遵循先深后浅或同时进行的施工程序。挖土应自上而下水平分段分层进行，每层 0.3 m 左右。边挖边检查坑底宽度及坡度，不够时及时修整，每 3m 左右修一次坡，至设计标高，再统一进行一次性修坡清底，检查坑底和标高，要求坑底凹凸不超过 1.5 cm。

④ 雨季施工时，基坑槽应分段开挖，挖好一段浇筑一段垫层，并在基槽两侧围以土堤或挖排水沟，以防止地面雨水流入基坑槽；同时应经常检查边坡和支护情况，以防止坑壁受水浸泡造成塌方。

⑤ 基坑、基槽、管沟和场地开挖，应有排水措施，防止地面水流入坑内冲刷边坡，造成塌方和破坏基土。开挖前应先定出开挖宽度，按放线分块分层挖土。根据土质和水文情况，采取在四侧或两侧直立开挖或放坡，以保证施工操作安全。

⑥ 在地下水位以下挖土，应在基坑（槽）四侧或两侧挖好临时排水沟和集水井，将水位降低至坑槽底以下 50 cm，以利挖方的进行。降水工作应持续到施工完成（包括地下水位下回填土）。

⑦ 当用人工挖土，基坑挖好后不能立即进行下道工序时，应预留 15～20 cm 一层土不挖，待下道工序开始再挖至设计标高；采用机械开挖基坑时，为避免破坏基底土，应在基底标高以上预留一层人工清理。使用铲运机、推土机或多斗挖土机时，保留上层厚度为 20 cm，使用正铲、反铲或拉铲挖土时保留厚度为 30 cm。

2．挖方方法

（1）人力施工。

人力施工除组织好人员外，还要注意人员的安全，保证工程质量。人力施工的主要工具有锹、镐、钢钎等。在施工过程中要注意以下问题：

① 施工人员要有足够的工作面，以免出现碰撞，发生危险。一般平均每人应有 4～6 m² 的作业面积，两人同时作业的间距应大于 2.5 m。土方开挖时，应防止邻近已有建筑物或构筑物、道路、管线等发生下沉或变形。

② 开挖土方附近不得有重物和易坍落物体。若在挖方边缘上侧临时堆土或放置材料，应与基坑边缘至少保持 1 m 以上的距离，堆放高度不得超过 1.5 m。土壁下不得向里挖土，以防坍塌。在坡上或坡顶施工者，不得随意向坡下滚落重物。

③ 随时注意观察土质情况是否符合挖方边坡要求。操作时应随时注意土壁变动情况，当垂直下挖超过规定深度（≥2 m）或发现有裂痕时，必须设支撑板支撑。

④ 深基坑上、下应先挖好阶梯或开斜坡道，并采取防滑措施，严禁踩踏支撑；坑的四周要设置明显的安全栏。

⑤ 挖土应从上而下水平分段分层进行，每层约 0.3 m，严禁先挖坡脚或逆坡挖土。做到边挖边检查坑底宽度及坡度，每 3 m 修一次坡，挖至设计标高后，应预留 15～30 cm 厚的土层不挖，待下道工序开始时再挖至设计标高。

⑥ 施工中如发现有文物或古墓等，应保护好现场并立即报告当地文物管理部门，待妥善处理后方可继续施工。若发现有国家永久性测量控制点必须予以保护。凡在已铺设有各种管线（如电缆、天然气管道等）的地段施工，应事先与相关部门取得联系，共同采取保护措施，以免破坏管线。

（2）机械施工。

① 常用的挖方机械有推土机、铲运机、挖掘机、装载机等。机械挖土适用于较大规模的园林建筑、构筑物的基坑（槽）与管沟以及较大面积水体、大范围的整地工程挖土。机械挖土应注意以下问题：

a．机械挖土前应将施工区域内的所有障碍物清除，并对机械进入现场的道路、桥涵等进行认真检查，若不能满足施工要求应予以加固；凡夜间施工的必须有足够的照明设备，并做好开挖标志，避免错挖或超挖。

　　b. 推土机驾驶员应识图了解施工对象的情况，比如了解施工地段的原地形情况和设计地形特点，最好能结合模型，能够一目了然。另外，施工前还要了解实地定点放线的情况，如桩位、施工标高等，施工时司机做到心中有数，才能得心应手地按设计意图去塑造设计地形。这样能提高功效，在修饰地形时可节省许多人力物力。

　　c. 注意保护表土。在土方工程施工时，先用推土机将施工地段的表层熟土（耕作层）推到施工场地外围，待地形整理完毕，再把表土铺回来。这种做法对园林植物生长有利，人力施工地段有条件的也应这样做。在机械施工无法作业的部位应辅以人工，确保挖方质量。

　　d. 为防止木桩受到破坏并有效指引推土机手，木桩应加高或设醒目标志，放线也要明显；同时，施工技术人员应在现场校核桩点和放线，以免挖错（或堆错）位置。

　　e. 对于基坑挖土，为避免破坏基底土，应在基底标高以上预留一层土用人工清理。使用铲运机、推土机时一般保留 20 cm 厚土层，使用正、反挖掘机挖土时要预留 30 cm。

　　f. 若使用多台挖土机施工，两机间的间距应大于 10 m。在挖土机工作范围内不得再进行其他工序施工。同时，应使挖土机离边坡有一定的安全距离，且验证边坡的稳定性，以确保机械施工的安全。

　　g. 机械挖方宜从上到下分层、分段依次进行。施工中应随时检查挖方的边坡状况，当垂直下挖深度大于 1.5 m 时，要根据土质情况做好基坑（槽）的支撑，以防坍陷。

　　h. 需要将预留土层清走时，应在距槽底设计标高 50 cm 的槽帮处，找出水平线，钉上小木橛，然后用人工将土层挖走。同时，由两端轴线（中心线）打桩拉通线（常用细绳）来检查距槽边尺寸，确定槽宽标准，依此对槽边修整，最后清除槽底土方。

　　② 在土方工程施工中应用得最广泛的施工机械是推土机，除此之外还有挖土机等。推土机的使用应注意以下问题：

　　a. 在动工前应向推土机手介绍施工地段的地形以及设计地形的特点，有条件的最好结合模型对其进行讲解；推土机手能看懂图纸的，应结合图纸进行讲解。另外，推土机手施工前还要到现场去实地勘查，了解实地定点放线的情况，如桩位、施工标高等。这样施工起来司机就能做到心中有数，也才能得心应手地按照设计意图去塑造地形，在很大程度上提高工作效率。这一步工作做得好，在修饰山头时，就可以省去许多的劳力和物力。

　　b. 针对机械施工的特点，在工程施工放线阶段，应注意使装点和放线清晰明显。这是因为推土机施工时，进退活动范围较大，施工地面又高低不平，进车或推车时，司机视线还存在着某些死角，所以，桩木和施工放线很容易被破坏。为了解决这一问题，可采用下面的方法：加高桩木的高度或在桩木上做些醒目的标志，以引起施工人员的注意。如挂小彩旗或在桩木上涂鲜艳的色彩。

　　c. 用机械挖掘水体时，先将土推至水体四周，运走或用来堆置地形，最后再由人工修整岸坡。

　　d. 施工期间技术人员应该经常到现场，随时随地地用测量仪检查装点和放线的情况，掌握全局，以免挖错或堆错位置。

　　e. 多台机械开挖时，挖土机之间的间距应大于 10 m；在挖土机工作范围内，不许进行其他作业；机械多台同时开挖时，应保持边坡的稳定；挖土机离边坡应有一定的安全距离，以防塌方，造成翻机事故；深基坑上下应线挖好阶梯或支撑靠梯，或开斜坡道，并采取防滑措施，禁止踩踏支撑上下，坑四周应设安全栏杆。

3．冬、雨季土方施工

土方开挖一般不在雨季进行，如遇雨天施工应注意控制工作面，分段、逐片地分期完成。开挖时应注意边坡的稳定性，必要时可适当放缓边坡或设置支撑，同时在外侧（或基槽两侧）周围筑土堤或开挖排水沟，防止地面水流入。在坡面上挖方时还应注意设置坡顶排水设施。整个施工过程都要加强对边坡、支撑、土堤等的检查与维护。

冬季挖方，应制订冬季施工方案并严格执行。采取防止冻结法开挖时，可在土层冻结以前用保温材料覆盖或将表层土翻耕耙松，翻耕深度根据当地气温条件确定，一般不小于30 cm。开挖基坑（槽）或管沟时，要防止基础下基土受冻。若基坑（槽）挖方完毕后有较长的停歇时间才能进行后续作业，则需要在基底标高以上预留适当厚度（约 30 cm）的松土，或用保温材料覆盖，以防止地基土受冻。若开挖土方会引起邻近建筑物（或构筑物）的地基或基础暴露时，也要采取防冻措施，使其不受冻结破坏。

4．土壁支撑

开挖基坑（槽），若地质条件较好，且无地下水，挖深又不大时，可采用直立开挖不加支撑；当有一定深度（但不超过 4 m）时可根据土质和周围条件放坡开挖，放坡后坑底宽度每边应比基础宽出 15～30 cm，坑（槽）上口宽度由基础底宽及边坡坡度来定。但当开挖含水量大、场地狭窄、土质不稳定或挖深过大的土体时应采取临时性支撑加固措施，以保证施工的顺利和安全，并减少对邻近已有建筑物或构筑物的不良影响。

（1）横撑式支撑。开挖较窄的构成沟槽，多用横撑式土壁支撑。根据挡土板形式的不同，分水平挡土板式和垂直挡土板式两类，前者根据挡土板的位置不同又可分为断续式和连续式两种。湿度小的黏性土挖土深度小于 3 m 时，可用断续式挡土板支撑；松散、湿度大的土可用连续式水平挡土板支撑，挖土深度可达 5 m。垂直挡土板式支撑用于松散和湿度很大的土壤，其挖深也大。

施工时，沟槽两边应以基础的宽度为准再各加宽 10～15 cm 用于设置支撑加固结构。挖土时，土壁要求平直，挖好一层做一层支撑，挡土板要紧贴土面，用小木桩或横撑木顶住挡板。

（2）板桩支撑。板桩作为一种支护结构，既挡土又防水。当开挖的基坑较深，地下水位高且有出现流砂的危险时，若未采用降低地下水位的措施，可用板桩打入土中，使地下水在土中的渗流线路延长，降低水力坡降，从而防止流砂产生。在靠近原有建筑物开挖基坑时，为防止土壁崩塌和建筑物基础下沉，也应打板桩支护。

5．挖方中常见质量问题

（1）基底超挖。开挖基坑（槽）或管沟均不得超过设计基底标高，若遇到有超过的地方应会同设计单位共同协商解决，不得私自处理。

（2）桩基产生位移。一般出现于软土区域。碰到此类土基挖方时，应在打桩完成后间隔一段时间再对称挖土，并要求制订相应技术措施。

（3）基底未加保护。基坑（槽）开挖后没有进行后续基础施工，且没有保护土层。因此，应注意在基底标高以上留出 0.3 m 后的土层，待基础施工时再挖去。

（4）施工顺序不合理。土方开挖应从低处开始，分层分段依次进行，形成一定坡度，以利于排水。

（5）开挖尺寸不足，基底、边坡不平。开挖时没有加上应增加的开挖面积使挖方尺寸不足。故施工放线要严格，应充分考虑增加的面积。对于基底和边坡应加强检查，随时校正。

（6）施工机械下沉。采用机械挖方，务必掌握现场土质条件和地下水位情况，针对不同的施工条件采取相应的措施。一般推土机、铲运机需要在地下水位 0.5 m 以上推铲土，挖土机则要求在地下水位 0.8 m 以上挖土。

二、土方的运输

一般在竖向设计阶段都力求土方就地平衡，以减少土方的搬运量。土方运输是较艰巨的工作，人工运输一般都是短途的搬运，车运人挑。这在某些局部或小型施工中还经常采用。如果运输距离较长，最好使用机械或半机械化运输。但是无论是车运还是人挑，运输路线的组织都很重要。另外，卸土地点应按照施工图纸的要求，在指定地点堆放。施工技术人员应随时指点，以避免混乱和窝工。如果使用外来土堆山，运土车辆应设专人指挥，卸土的位置要准确，否则如果乱堆乱卸，必然会给下一步施工增加许多不必要的搬运，既浪费人力又浪费物力。

采用机械短距离调运土方时，应检查起吊工具，检查绳索是否牢靠；吊斗下面不得站人，卸土堆应离开坑边一定距离，以防造成坑壁塌方；用手推车运土，应先平整好道路，卸土回填，不得防守让车自动翻转；用翻斗汽车运土，运输道路的坡度、转弯半径应符合有关安全规定。重物距土坡的安全距离：汽车不小于 3 m；马车不小于 2 m；起重机不小于 4 m。

这里尤其要强调的是堆山的运土。堆山土方的运输路线和下卸，应以设计的山头为中心，结合来土方向进行安排。一般以环形线为宜。车辆或人挑满载上山，土卸在路两侧，空载的车或人沿路线继续前行下山，车或人不走回头路也不交叉穿行，这样就不会顶流拥挤。随着卸土量的增加，山势逐渐升高，运土路线也随之升高。这样既组织了车流人流，又使土山分层上升，部分土方边卸边压实，如此不仅有利于山体的稳定，也使形成的山体的表面比较自然。如果运土的来源有几个方向，那么，运土的路线就可以根据设计地形的特点，安排几个小环路。小环路的安排，以车辆、人流不互相干扰为原则。

三、土方填筑

1. 土方填筑的一般要求

土壤的质量要根据填方的用途和要求，满足工程的质量要求加以选择。绿化地段的用土应满足植物栽植的需求；而作为建筑用地的土壤则以能满足将来地基的稳定为原则。利用外来土垫地堆山，对土壤应鉴定后再入场使用，以防止劣土及受污染的土壤的进入，避免将来影响植物的生长和游人的健康。具体包括以下几个方面：

（1）填方土料。应满足设计要求。碎石类土、砂土及爆破石渣（粒径小于每层铺厚的2/3）可考虑用于表层下的填料；碎块草皮和有机质含量大于 8% 的土壤，只能用于无压实要求的填方；淤泥一般不能作为填方料土；盐碱土应先对含盐量测定，符合规定的可用于填方，但作为种植地时，上面必须加盖肥沃种植土一层，厚约 30 cm，同时要设计排盐暗沟；一般的中性黏土都能满足各层填土的要求。

（2）基址条件。填方前应全面清除基底上的草皮、树根、积水、淤泥及其他杂物。若基址土壤松散，务必将基底充分夯实或碾压密实；若填方区属于池塘、沟槽、沼泽等含水量大的地段，应先进行排水疏干，将淤泥全部挖出后再抛填块石或砾石，结合换土及掺石灰等措施处理。

（3）土料含水量。填方土料的含水量一般以手握成团，落地开花为宜。含水量过大的土基应翻松、风干或掺入干土；过干的土料或填筑碎石类土则需先洒水湿润再施压，以提高压实效果。

（4）填土边坡。为保证填方的稳定，对填土的边坡有一定规定。对于使用较长时间的临时性填方（如使用时间超过一年的临时道路）的边坡坡度，当填方高度小于 10 m 时，可用 1∶1.5 的边坡；超过 10 m，边坡可做成折线形，上部坡度为 1∶1.5，下部坡度为 1∶1.75。

2. 填土方法

填土应从最低处开始，由下而上整个宽度地分层铺填碾压或夯实。大面积填方应分层填筑，一般要求每层 20～50 cm 高，具体高度视选用的压实机具而定。有条件的还应层层压实。在地形起伏之处，应做好接茬，修筑 1∶2 阶梯形边坡，每一台阶可取高 50 cm、宽 100 cm。分段填筑时每层接缝处应做成大于 1∶1.5 的斜坡，碾迹重叠 0.5～1.0 m，上下层错缝距离不应小于 1 m。接缝部位不得在基础、墙角、柱墩等重要部位。

填土应预留一定的下沉高度，以备在行车、堆重物或干湿交替等自然因素作用下，土体逐渐沉落密实。预留沉降量应根据工程性质、填方高度、填料种类、压实系数和地基情况等因素来确定。当土方用机械分层夯实时，其预留下沉高度（以填方高度的百分数计）：砂土为 1.5%；粉质黏土为 3.0%～3.5%。

（1）人工填土。主要用于一般园林建筑、构筑物的基坑（槽）和管沟以及室内地坪和小范围整地、堆山的填土。常用机具有：蛙式夯、手推车、筛子（孔径 40～60 mm）、木耙、铁锹、钢尺、细绳等。

施工程序为：清理基地地坪→检查土质→分层铺土、耙平→夯实土方→检查密实度→修整、找平验收。

填土前应将基坑（槽）或地坪上的各种杂物清理干净，同时检查回填土是否达到填方要求。人工填土应从场地最低处开始自下而上分层填筑，层层压实。每层虚铺厚度因土质及夯实方法各不相同。人工木夯夯实，砂质土不宜大于 30 cm，黏性土不宜大于 20 cm；机械打夯约 30 cm。人工夯填土通常用 60～80 kg 木夯或石夯，4～8 人拉绳，两人扶夯，举高最小 0.5 m，一夯压半夯，按次序进行。大面积填方用打夯机夯实，两机平行间距应大于 3 m，在同一夯打线路上前后间距应大于 10 m。用打夯机械进行夯实时，虚铺厚度不应大于 30 cm。当有深浅坑相连时，应先填深坑，相平后与浅坑全面分层填夯。如果采取分段填筑，交界处应填成阶梯形。墙基及管道回填，应在两侧用细土同时均匀回填、夯实，防止墙基及管道中心线位移。

斜坡上填土且填方边坡较大时，为防止新填土方滑落，应先将土坡挖成台阶状，然后再填土，有利于新旧土方的结合，使填方更稳定，如图 4.6 所示。

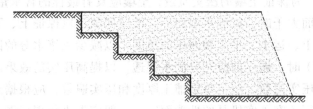

图 4.6　斜坡先挖成台阶状再填土示意图

填土全部完毕后，要进行表面拉线找平，凡超过设计高程之处应及时依线铲平；凡低于设计标高的地方要补填土并夯实。

（2）机械填土。园林工程中常用的填土机械有推土机、铲运机和汽车，各自在填方施工时应把握以下要点。

推土机填土：填方应从下往上分层铺筑，每层虚铺不应大于 30 cm，不允许不分层次一次性堆填。堆填顺序宜采用纵向铺填，从挖方区至填方点，填方段以 40～60 m 距离为好。运土回填时要采用分堆集中，一次送运的方法，分段距离一般为 10～15 m，以减少运土泄漏。土方运至填方处时应提起铲刀，成堆卸土，并向前行驶 1 m 左右，待机体后退时将土刮平。最后，应使用推土机来回行驶碾压，并注意使履带重叠一半碾压。

铲运机填土：同样应分层铺土，每次铺土厚度为 30～50 cm；填土区段长不得小于 20 m，宽度大于 8 m，铺土后要利用空车返回时将填土刮平。

汽车填土：多用自卸汽车填方，每层填土厚度为 30～50 cm，卸土后用推土机推平。土山填筑时，土方的运输路线应以设计的山头及山脊走向为依据，并结合来土方向进行安排。一般以环行线为宜，车辆或人力挑抬满载上山，土卸在路两侧，空载的车（或人）沿路线继续前行下山，车（或人）不走回头路，不交叉穿行，使路线畅通，不逆流相挤。

3. 冬、雨季填方施工要点

雨季施工时应采取防雨防水措施。填土应连续进行，加快挖土、运土、平土和碾压过程。雨前要及时夯实已填土层或将表面压光，并做成一定坡度，以利于排除雨水和减少下渗。在填方区周围修筑防水埝和排水沟，防止地面水流入基坑、基槽内造成边坡塌方或基土遭到破坏。

冬季回填土方时，每层铺土厚度应比常温施工时减少 20%～50%，其中冻土体积不得超过填土总体积的 15%，其粒径不得大于 150 mm。铺填时，冻土块应分布均匀，逐层压实，以防冻融造成不均匀沉降。回填土方尽可能连续进行，避免基土或已填土受冻。

四、土方的压实

1. 压实的一般要求

（1）密实度要求。填方的密实度要求通常以压实系数 λ_c 表示（在第一章已作介绍）。最大干密度是最优含水量时，通过标准的击实方法确定的。密实度要求一般是由设计根据工程结构性质、使用要求以及土的性质确定的，如果图纸上没有作规定，可参考表 1.12 的数值。

（2）含水量控制。为保证土壤的压实质量，土壤应具有最佳的含水量，具体数值的确定，参考表 1.10。表层土面太干时，应洒水湿润后，继续回填，以保证上、下层接合良好；在气候干燥时，应加速挖土、运土、平土和碾压的速度，以减少土壤水分的散失；当填料为碎石类土（充填物为砂土）时，碾压前应充分洒水湿透，以提高压实的效果。

（3）铺土厚度和压实遍数。填土每层铺土厚度和压实遍数，应根据土的性质、设计要求的压实系数和使用的压（夯）实机具的性能而定，一般应先进行现场碾（夯）压试验，而后再确定。表 4.1 为压实机械和每层铺土厚度与所需的碾压（夯实）遍数的参考数值。

表 4.1　填方每层铺土的厚度和压实系数

压实工具	每层铺土厚度/mm	每层压实系数/遍
平碾	200~300	6~8
羊足碾	200~350	8~16
蛙式打夯机	200~250	3~4
振动碾	60~130	6~8
振动压路机	120~150	10
推土机	200~300	6~8
拖拉机	200~300	8~16
人工打夯	≤200	3~4

2. 填土压（夯）实的方法

压实工作必须均匀地分布进行。压实松土时，夯压工具应先轻后重；压实工作应自边缘开始逐渐向中间收拢，否则边缘土方外挤容易引起土壤塌落。土方的压实根据工程量大小、场地条件可采用人工夯实或机械夯实。

（1）人工夯实：人工夯实可用夯、碾、碾等工具。夯压前先将填土初步整平，再根据"一夯压半夯，夯夯相接，行行相连，两遍纵横交叉，分层打夯"的原则进行压实。地坪打夯应从周边开始，逐渐向中间夯进；基槽夯实时，要从相对的两侧同时回填夯压；对于管沟的回填，应先人工将管道周围填土夯实，填土要求填至管顶 50 cm 以上，在确保管道安全的情况下方能用机械夯压。

（2）机械压实：机械压实可用碾压机、震动碾或拖拉机带动的铁碾。小型夯压机械有内燃夯、蛙式夯等。机械压实按工作方式可分为碾压、夯实、振动压实三种。

① 碾压。碾压是通过由动力机械牵引的圆柱形滚碾（铁质或石质）在地面滚动借以压实土方、提高土壤密实度的方法。碾压机械有平碾（压路机）、羊足碾和气胎碾等。碾压机械压实土方时应控制形式速度，一般平碾不超过 2 km/h，羊足碾不超过 3 km/h。

羊足碾适用于大面积机械化填压方工程，它需要有较大的牵引力，一般用于压实中等深度的黏性土、黄土，不宜碾压干砂、石渣等干硬性土。因在砂土中碾压时，填土厚度不宜大于 50 cm，碾压方向要从填土区的两侧逐渐压向中心，每次碾压有 15～20 cm 重叠，并要随时清除粘于羊足之间的土料。有时为提高土层的夯实度，经羊足碾压后，再辅以拖式平碾或压路机压平压实。

气胎碾在工作时是弹性体，给土的压力较均匀，填土压实质量较好。但应用最普遍的是刚性平碾。采用平碾填压土方，应坚持"薄填、慢驶、多次"的原则，填土虚厚一般为 25～30 cm，从两边向中间碾压，碾轮每次重叠宽度 15～25 cm，且使碾轮离填方边缘不得小于 50 cm，以防发生溜坡倾倒。对边角、边坡、边缘等压不到的地方要辅以人工夯实。每碾压一层后应用人工或机械（如推土机）将表面拉毛以利于接合。平碾碾压的密实度一般以轮子下沉量不超过 1～2 cm 时为宜。平碾适于黏性土和非黏性的大面积场地平整及路基、堤坝的压实。

此外，利用运土工具碾压土壤也可取得较大的密实度（见表 4.2），但前提是必须能很好的组织土方施工，利用运土过程压实土方。碾压适用于大面积填方的压实。

表 4.2　填方每层铺土的厚度和压实系数

项次	填土方法和采用的运土工具	土的名称		
		粉质黏土和黏土	粉土	沙土
1	窄轨和宽轨火车拖拉车和其他填土方法并用机械平土	0.7	1.0	1.5
2	汽车和轮式铲运机	0.5	0.8	1.2
3	人推小车和马车运土	0.3	0.6	1.0

② 夯实。夯实是借被举高的夯锤下落时对地面的冲击力压实土方的，其优点是能夯实较厚土层。夯实使用于小面积填方，可以夯实黏性土或非黏性土。夯实机械有夯锤、内燃夯土机和蛙式夯等；人力夯实工具有木夯、石碾等。夯锤借助起重机提起并落下，其质量大于 1.5 t，落距 2.5～4.5 m，夯土影响深度可超过 1 m，常用于夯实湿陷性黄土、杂填土及含石块的填土。内燃夯土机作用深度为 40～70 cm，与蛙式夯都是应用较广的夯实机械。

③ 振动压实。是通过高频振动物体接触（或插入）填料并使其振动以减少填料颗粒间孔隙体积、提高密实度的压实方法。主要用于压实非黏性填料，如石渣、碎石类土、杂填土或亚黏性土等。振动压实机械有振动碾、平板振捣器、插入式振捣器和振动梁等。

填土的含水量对压实质量有直接影响。每种土壤都有其最佳含水量，在最佳含水量条件下，使用同样的压实功进行压实得到的密度最大（见表 1.10）。为保证填土在压实过程中处于最佳含水量，当土过湿时，应予以翻松晾干，也可掺入同类干土或吸水性填料；当土过干时，则应洒水湿润后再行压实。尤其是作为建筑、广场道路、驳岸等基础对压实要求较高的填土场合，更应注意这个问题。

铺土厚度压实质量也有影响。铺得过厚，压很多遍也不能达到规定的密实度；铺得过薄，则要增加机械的总压实遍数。最优铺土厚度主要与压实机械种类有关，此外也受填料性质、含水量的影响。

3. 填压方成品保护措施

（1）施工时，对定位标准桩、轴线控制桩、标准水准点和桩木等，填运土方时不得碰撞并应定期复测检查这些标准桩是否正确。

（2）凡夜间施工的应配足照明设备，防止铺填超厚，严禁用汽车将土直接倒入基坑（槽）内。

（3）应在基础或管沟的现浇混凝土达到一定强度，不致因填土而受到破坏时，回填土方。

（4）管沟中的管线，或从建筑物伸出的各种管线，都应按规定严格保护，然后才能填土。

4. 压方质量检测

对密实度有严格要求的填方，夯实或压实后都要对每层回填土的质量进行检验。常用的检验方法是环刀法（或灌砂法），即取样测定土的干密度后，再求出相应的密实度；也可用轻便式触探仪直接通过锤击数来检验干密度和密实度。压实后的干密度应在 90% 以上，其余 10% 的最低值与设计值之差不得大于 0.08 t/m³，且不能集中。

5. 填压方中常见的质量问题

（1）未按规定测定干密度。回填土每层都必须测定夯实后的干密度，符合要求后才能进行上一层填土。测定的各种资料，如土壤种类、试验方法和结论等均应标明并签字，凡达不到测定要求的填方部位要及时提出处理意见。

（2）回填土下沉。由于虚铺土超厚或冬季施工时遇到较大的冻土块或夯实遍数不够，或漏夯，或回填土所含杂物超标等，都会导致回填土下沉。遇到这些情况时，应进行检查并制定相应的技术措施进行处理。

（3）管道下部夯实不实。主要是由于施工时没有按施工标准回填打夯，出现漏夯或密实度不够，使管道下方回填空虚。

（4）回填土夯实不密。若回填土含水量过大或太干，都有可能导致土方填压不密。对于过干的土壤要先洒水润湿后再铺；过湿的则先晾晒符合回填标准后再回填。

（5）管道中心线产生位移或遭到损坏。这主要是在使用机械填压时，不注意施工规程导致的。施工时应先由人工把管子周围填土夯实，并要求从管道两侧同时进行，直到管顶 0.5 m 以上，在保证管道安全的情况下才能用机械回填和压实。

第三节　土方工程特殊问题的处理

一、滑坡与塌方的处理

具体处理方法如下：

（1）地质勘查应详细。对拟建场地（或边坡）的稳定性进行详细分析和合理评价；工程和施工线路的安排必须选在边坡稳定的地段。有滑坡史的地段或具备滑坡形成条件的场地，不能作为建筑场地；若必须作为建筑场地的，须采取必要的措施加固预防后才能使用。

（2）排水系统设置。在滑坡范围以外设置多道环形截水沟拦截地表水的，滑坡区域内则应修设或疏通原排水系统，防止地表和地下水渗入滑坡土体内。主排水沟的设置应与滑坡滑动的方向一致；支排水沟与滑坡方向呈 30°～45°斜交，防止坡脚被水冲刷。此外，滑坡区域附近的生活、生产用水也要防止浸入滑坡地段内。若由于地下水活动引起的浅层滑坡，可设置渗水沟或支撑盲沟来排除地下水。盲沟一般布置在平行于滑坡坡动方向有地下水露头处，并做好植被覆盖工作。

（3）切勿随意切割边坡，应保持边坡有足够的坡度来维持其稳定性。施工过程中，应尽量将土体挖掘成台阶状，或削成较平缓的坡度来增强稳定性。削坡时根据土质情况不同可削成 2～3 种坡度。在坡脚处有弃土条件时，将土石填至坡脚能起到反压作用。筑挡土堆或修筑台地，避免在滑坡地段切去坡脚或深挖方。若平整场地必须切割坡脚且不设挡土墙时，应按切割深度将坡脚随自然坡度由上向下削坡，逐渐挖至要求的坡脚深度。

（4）对可能出现的浅层滑坡，若滑坡体不大可将破题全部挖除；若土方量较大不能全部挖除，且表层土破碎含有滑坡夹层时，可采取深翻、推压、打乱滑坡夹层、表层压实等措施来减少滑坡诱因。

（5）在斜坡地段挖方时，应遵守由上而下分层开挖的原则，尽量避免在坡脚处取土，或在坡肩上设置弃土或建筑物。同时，还应避免对滑坡体的各种振动作用。

（6）对滑坡主体地段可采取挖方卸荷、拆除已有建筑物等减重辅助措施。对滑坡面层土质出现松散或大量裂缝时，应进行填平、夯填防止地表水下渗而引发滑坡；也可以采用在滑坡面植树、种草、浆砌片石等措施来保护坡面。

（7）倾斜表层下有裂缝滑动面的，可用锚桩（墩）将基础设置在基岩上。土层下有倾斜岩层，将基础设置在基岩上用锚栓固或做成台阶状，并采用灌注桩基减轻土体负担。

（8）对已经发生滑坡的工程，稳定后应设置混凝土锚固桩、挡土墙、抗滑明洞、抗滑锚杆或混凝土墩与挡土墙相结合的方法加固坡脚等，并在坡下段做截水沟、排水沟，陡坝部分去土减重，保持适当坡度。

二、冲沟、土洞（落水洞）、古河道、古湖泊的处理

1. 冲沟处理

冲沟多由于暴雨冲刷剥蚀地面形成，先在低凹处蚀成小穴，逐渐扩大成浅沟，以后进一步冲刷就成为冲沟。冲沟大多出现在黄土地区，有的深达 5～6 m，表层土松散。一般处理方法是：对边坡上不深的冲沟，可用好土或 3：7 灰土逐层回填夯实，或用砌块石砌至与坡面相平，并在坡顶设排水沟及反水坡来阻截地表水的冲刷；地面冲沟用土层夯填，因其土质结构松散、承载力低，可采取加宽基础的方法处理。

2. 土洞（落水洞）的处理

在黄土层或岩溶地层，由于地表水的冲蚀或地下水的浅蚀作用形成的土洞、落水洞往往成为排汇地表径流的暗道，影响边坡或场地的稳定性，为避免继续扩大，造成边坡塌方或地基塌陷，必须进行处理。

通常将土洞或落水洞上部挖开，清除软土，分层回填好土（灰土或砂卵土）夯实，面层用黏土夯填并使之比周围地表高些，同时做好地表水的截流，将地表径流引到附近排水沟中，防止地表水下渗；对地下水可采取截流改道的办法，如用作地基的深埋土洞，宜用砂、砾石、片石或混凝土填灌密实，或用灌浆挤压法加固。对地下水形成的土洞和陷穴，除先挖除软土抛填块石外，还应采用反滤层，面层用黏土夯实。

3. 古河道、古湖泊处理

根据其成因可分为两种：一种是年代久远的经降水及自然沉积、土质较为均匀、含水量20%左右、含杂质较少的古河道、古湖泊；另一种为年代较近的土质结构较松散、含水量较大、含较多碎块和有机物的古河道、古湖泊。这些天然地貌的洼地长期积水、泥沙沉积，土层由黏性土、细砂、卵石和角砾构成。

对年代久远的古河道、古湖泊，已经被密室的沉积物填满，底部有砂卵石层，一般土的含水量小于20%且无被水冲蚀的可能性，土的承载力不低于天然土的可不作处理；对年代较近的古河道、古湖泊，土质较均匀且含杂质少，含水量大于20%，若沉积物填充密实，承载力不低于同一地区的天然土也可不做处理；若为松软且含水量大的土，应挖除后应好土分层夯实，或采用地基加固的措施。加固措施为：地基部分用灰土分层夯实，与河、湖边坡接触部分做成台阶接槎，阶宽不小于 1 m，接槎处应仔细夯实，回填应按先深后浅的顺序进行。

三、橡皮土的处理

橡皮土是指地基为黏性土时，含水量很大、趋于饱和时，经夯（拍）打后，踩上去有颤

动感的地基土。其形成原因为：在含水量过大的黏土、粉质黏土、淤泥质土、腐殖质土等原状土上进行夯（压）实或回填，或者采用这类土回填时，由于原状被扰动，颗粒间的毛细孔遭到破坏，水分不宜渗透或散发，当气温较高时，对其进行夯击或碾压，特别是用光面碾（夯锤）滚压（或夯实），表面形成硬壳，更加阻止了水分的渗透和散发，就形成了软塑状的橡皮土。遇到此类土壤时，处理措施如下：

（1）暂停施工，避免直接拍打，可将土层翻起进行晾晒使其含水量降低；也可在上面铺一层碎石或碎砖后进行夯击，并将土层挤紧。

（2）若橡皮土情况比较严重的，可将土层翻起掺入石灰搅拌均匀，使原土结构变成灰土而具有一定的强度和稳定性。

（3）若用作大荷载的房屋地基，可打石桩，即将毛石（块度 20～30 cm）依次打入土中，或垂直打入 M10 机砖，纵距 26 cm、横距 30 cm，直至打不下去为止，最后在上面满铺厚 50 cm 的碎石后再夯实。

（4）直接换土，挖除橡皮土，换填好土或级配砂石，夯实。

四、流砂处理

流砂现象是指由于基坑（槽）开挖深度低于地下水位 0.5 m 时，坑内抽水，坑（槽）底下层的土产生流动随地下水一起涌入坑内，边挖边冒，无法挖深的情况。

处理措施如下：

（1）可选在全年最低水位的季节进行施工，使坑内的动水压减小。

（2）尽量不抽水或少抽水，采用水下挖土的形式，使坑内水压与坑外地下水压相互平衡或缩小水头差。

（3）采用井点降水，将水位降至基坑底 0.5 m 以下，使动水压的水方向朝下，坑底土面保持无水状态。

（4）沿基坑外围周围打板桩，深入坑底下面一定深度，增加地下水从坑外流入坑内的渗流量，减小动水压力。也可采用化学压力注浆或高压水泥注浆，固结基坑周围砂层、形成防渗帷幕。

（5）往坑底抛大石块，增加土的压重和减小动水压力，同时组织快速施工。

（6）基坑面较小时，也可以在四周设钢板扩筒，随着挖土的不断加深，直到穿过流砂层。

练习与思考

1. 土方施工前应做好哪些工作？安排适当的施工准备期有何意义？

2. 土方工程施工方案的编写中重点内容应有哪些方面？

3. 影响土方施工进度与施工质量的因素有哪些？实际工作中该如何加快施工进度？

4. 如何做到土方工程施工安全？

5. 土方工程施工中常见质量问题有哪些？如何解决？

6. 在不良条件下，如冬雨季施工、膨胀土施工应注意哪些问题？

7. 若要进行较大坡度的坡面土方施工，如何做好护坡工作？

8. 土方中填、压方工序有何技术要求？

附 录

常绿小乔木及灌木

中名	学名	科名	习性	观赏特性及园林用途	适用地区
黄杨	Buxus sinica	黄杨科	中性、抗污染、耐修剪，生长慢	枝叶细密；庭园观赏，丛植，绿篱，盆栽	华北至华南、西南
雀舌黄杨	Buxus bodinieri	黄杨科	中性、喜温暖、不耐寒，生长慢	枝叶细密；庭园观赏，丛植，绿篱，盆栽	长江流域及其以南地区
山茶花	Camellia japonica	山茶科	中性、喜温湿气候及酸性土壤	花白、粉、红，花期2~4月；庭园观赏，盆栽	长江流域及其以南地区
油茶	Camellia oleifera	山茶科	喜温暖湿润气候及酸性红壤中生长	花白，较小，10月；油料植物，油供食用	长江流域及其以南地区
茶梅	Camellia sasanqua	山茶科	弱阴性、喜温暖气候及酸性土壤	花白、粉、红，花期11月~1月；庭园观赏，绿篱	长江以南地区
枸骨	Ilex cornuta	冬青科	弱阳性、抗有毒气体，生长慢	绿叶红果，甚美丽；基础种植，丛植，盆栽	长江中下游各地
大叶黄杨	Euonymus japonica	卫矛科	中性、喜温湿气候、抗有毒气体	观叶；绿篱，基础种植，丛植，盆栽	华北南部至华南、西南
胡颓子	Elaeagnus pungens	胡颓子科	弱阴性、喜温暖、耐干旱、水湿	秋花银白芳香，红果5月；基础种植，盆景	长江中下游及其以南
金心胡颓子	Elaeagnus Maculata 'Aurea'	胡颓子科	喜光稍耐荫，抗病力强，在大多数土壤中生长良好	叶绿底金黄叶心，枝叶披绒毛，有枝刺；庭园观赏	华东、华南、华中
云南黄馨	Jasminum mesnyi	木犀科	中性、喜温暖、不耐寒	枝拱垂，花黄色，花期4月；庭园观赏，盆栽	长江流域，华南、西南

续表

中名	学名	科名	习性	观赏特性及园林用途	适用地区
栀子花	Gardenia jasminoides	茜草科	中性，喜温暖气候及酸性土壤	花白色，浓香，花期6~8月；庭园观赏	长江流域及其以南地区
八角金盘	Fatsia japonica	五加科	喜温暖，忌酷热；忌强光；较耐阴湿，不耐旱，抗二氧化硫	花白色，花期10~11月；盆栽观叶，厂矿绿区绿化	长江流域以南地区
鹅掌柴	Schefflera octophylla	五加科	性喜温暖，湿润及半荫环境，喜肥沃沃酸性土壤	冬季开花，芳香；园林绿地或盆栽欣赏	华南各省区
凤尾兰	Yucca golriosa	百合科	阳性，喜亚热带气候，不耐严寒	花乳白色，夏，秋；庭园观赏，丛植	华北南部至华南
丝兰	Yucca flaccida	百合科	阳性，喜亚热带气候，不耐严寒	花乳白色，花期6~7月；庭园观赏，丛植	华北南部至华南
紫金牛	Ardisia japonica	紫金牛科	喜温暖湿润，隐蔽或半荫环境，较耐霜冻	花小而白色或粉红色，花期5~9月；林下种植，温室盆栽观赏	长江流域以南地区
杜英	Elaecarpus sylvestris	杜英科	耐荫，喜温暖湿润气候，耐寒性不强	绿叶中常存有少量鲜红的老叶；庭园观赏，行道树	长江流域以南地区
白鹃梅	Exochorda racemosa	蔷薇科	弱阳性，喜温暖气候，较耐寒	花白色美丽，花期4月；庭园观赏，丛植	华北至长江流域
李叶绣线菊	Spiraea prunifolia	蔷薇科	阳性，喜温暖湿润气候	花小，白色美丽，花期4月；庭园观赏，丛植	长江流域及其以南地区
珍珠花	Spiraea thunbergii	蔷薇科	阳性，喜温暖气候，较耐寒	花小，白色美丽，花期4月；庭园观赏，丛植	东北南部，华北华南
麻叶绣线菊	Spiraea cantoniensis	蔷薇科	中性，喜温暖气候	花小，白色美丽，花期4月；庭园观赏，丛植	长江流域及其以南地区
菱叶绣线菊	Spiraea vanhouttei	蔷薇科	中性，喜温暖气候，较耐寒	花小，白色美丽，花期4~5月；庭园观赏	华北南部，西南
粉花绣线菊	Spiraea japonica	蔷薇科	阳性，喜温暖气候	花粉红色，花期6~7月；庭园观赏，丛植	华北南部至长江流域
珍珠梅	Sorbaria kirilowii	蔷薇科	耐荫，耐寒，对土壤要求不严	花小白色，花期6~8月；庭园观赏，丛植	华北，西北，东北南部

续表

中名	学名	科名	习性	观赏特性及园林用途	适用地区
棣棠	Kerria japonica	蔷薇科	阳性，耐寒，耐干旱	花黄色，花期4~5月；庭园观赏，丛植，花篱	华北，西北，东北南部
鸡麻	Rhodotypos scandens	蔷薇科	中性，喜温暖湿润气候，较耐寒	花金黄，花期4~5月，枝干绿色；丛植，花篱	华北至华南，西南
平枝栒子	Cotoneaster horizontalis	蔷薇科	阳性，耐寒，耐干旱	花粉、白，果期4月，果红色；庭园观赏，丛植	东北，华北至华南
火棘	Pyracantha fortuneana	蔷薇科	阳性，耐寒，适应性强	匍匐状，秋冬果鲜红；基础种植，岩石园	华北，西北至长江流域
西府海棠	Malus × micromalus	蔷薇科	喜光，稍耐荫，喜深厚、肥沃、排水良好的壤土	花3~5朵簇生，橘红色。果近球形，黄色；庭园中丛植	全国各地
垂丝海棠	Malus halliana	蔷薇科	喜光，耐寒，抗干旱	花粉红色，果红色；栽培供观赏	北方各地区
紫荆	Cercis chinensis	豆科	阳性，喜温暖湿润气候	花鲜玫瑰红色，花期4~5月；庭园观赏，丛植	长江汉域至华南，西南
紫穗槐	Amorpha fruticosa	豆科	阳性，耐干旱瘠薄，不耐涝	花紫红，3~4月叶前开放；庭园观赏，丛植	华北，西北至华南
锦鸡儿	Caragana sinica	豆科	阳性，喜排水良好	花紫粉，花期6~7月；庭园观赏	东北，华北
胡枝子	Lespedeza bicolor	豆科	阳性，耐水湿，干瘠和轻盐碱土	花暗紫，花期5~6月；护坡固堤	南北各地
垂枝榆	Ulmus pumila 'Tenue'	榆科	中性，适应性强，抗盐碱，根系发达	枝条下垂，树冠呈伞形；作行道树、防护林及四旁绿化树种	全国各地都有分布
太平花	Philadelphus pekinensis	虎耳草科	中性，耐寒，耐干旱瘠薄	花橙黄，花期4月；庭园观赏，岩石园盆景	华北至长江流域
山梅花	Philadelphus incanus	虎耳草科	中性，耐寒，耐干旱瘠薄	花紫红，花期8月；庭园观赏，护坡，林带下木	东北至黄河流域
溲疏	Deutzia scabra	虎耳草科	弱阳性，耐寒，怕涝	花白色，花期5~6月；庭园观赏，丛植，花篱	华北，东北，西北
八仙花	Hydrangea macrophylla	虎耳草科	弱阳性，较耐寒，耐旱，忌水湿	花白色，花期5~6月；庭园观赏，丛植，花篱	华北，华中，西北

续表

中名	学名	科名	习性	观赏特性及园林用途	适用地区
红瑞木	Cornus alba	山茱萸科	弱阳性，喜温暖，耐寒性不强	花白色，花期5~6月；庭园观赏，丛植，花篱	长江流域各地
四照花	Dendrobenthamia japonica var. chinensis	山茱萸科	阳性，喜湿润温和温暖，耐寒性强	花粉红色、淡蓝色或白色，花期6~10月；丛植或作花篱	南北各地
糯米条	Abelia chinensis	忍冬科	中性，耐寒，耐湿，也耐干旱	茎枝红色美丽，果白色；庭园观赏，草坪丛植	东北，华北
猥实	Kolkwitzia amabilis	忍冬科	中性，喜温暖气候，耐寒性不强	花黄白，花期5~6月，秋果粉红；庭园观赏	华北南部至长江流域
锦带花	Weigela florida	忍冬科	中性，喜温暖，耐干旱，耐修剪	花白带粉，芳香，花期8~9月；庭园观赏，花篱	长江流域至华南
海仙花	Weigela coraeensis	忍冬科	阳性，颇耐寒，耐干旱瘠薄	花粉红，花期5月，果似刺猬；庭园观赏	华北，西北，华中
金银木	Lonicera maackii	忍冬科	弱阳性，喜温暖，颇耐寒	花黄白变红，花期5~6月，秋果红色；庭植丛植观	华北，华东，华中
接骨木	Sambucus williamsii	忍冬科	中性，较耐寒	花白色，花期5~6月，秋果红色；庭植观花观果	东北，华北至长江流域
结香	Edgeworthia chrysantha	瑞香科	弱阳性，喜温暖，抗有毒气体	花小，白色，花期4~5月，秋果红色；庭园观赏	南北各地
木芙蓉	Hibiscus mutabilis	锦葵科	弱阳性，喜温暖气候，较耐寒	花粉红色，花期5~8月；庭园园观赏，绿篱	华北至华南，西南
杜鹃	Rhododendron simsii	杜鹃花科	阳性，喜温暖气候，不耐寒	花淡紫、白、粉红，花期7~9月；丛植，花篱	华北至华南
白花杜鹃	Rhododendron mucronatum	杜鹃花科	中性偏阴，喜温湿润，喜温暖环境及温暖气候酸性土	花粉红色，花期9~10月；庭园观赏，丛植，列植	长江流域及其以南地区
黄栌	Corinus coggygria	漆树科	弱阳性，喜温暖，根萌蘖力强	嫩叶红艳如花，庭园观赏，孤植或丛植，列植	长江流域及以南
鸡爪槭	Acer palmatum	槭树科	中性，耐寒	花白色，花期4~5月；庭园观赏，丛植，列植	东北南部，华北，西北
紫红鸡爪槭	Acer palmatum 'Atropurpureum'	槭树科	中性，喜温暖气候，不耐寒	霜叶红艳美丽；庭园观赏，片植，风景林	华北

続表

中名	学名	科名	习性	观赏特性及园林用途	适用地区
醉鱼草	*Buddleia lindelyana*	马钱科	中性，喜温暖气候，不耐寒	树冠开展，叶片细裂；庭园观赏，盆栽	长江流域
小蜡	*Ligustrum sinense*	木犀科	阳性，喜温暖气候，不耐水湿	树冠开展，叶片细裂；红色；庭园观赏	长江流域
小叶女贞	*Ligustrum quihoui*	木犀科	中性，喜温暖气候，耐修剪	花紫色，花期6~8月；庭园观赏，草坪丛植	长江流域及其以南地区
迎春	*Jasminum nudiflorum*	木犀科	中性，喜温暖，较耐寒，耐修剪	花小，白色，花期5~6月；庭园观赏，绿篱	长江流域及其以南地区
紫丁香	*Syringa oblate*	木犀科	中性，喜温暖气候，较耐寒	花小，白色，花期5~7月；庭园观赏，绿篱	华北至长江流域
白丁香	*Syringa oblate var. Alba*	木犀科	阳性，耐寒耐旱	花白色，香气浓；庭院观赏，花灌木	东北，内蒙古，华北，西北及四川等低山区
暴马丁香	*Syringa reticulate var. mandshurica*	木犀科	较耐寒，喜阳光，耐旱，不耐涝	花黄色，早春叶前开放；庭园观赏，丛植	华北至长江流域
连翘	*Forsythia suspense*	木犀科	弱阳性，耐寒，耐旱，忌低湿	花紫色，香，花期4~5月；庭园观赏，草坪丛植	东北南部，华北，西北
金钟花	*Forsythia viridissima*	木犀科	阳性，耐寒，喜湿润土壤	花白色，花期6月；庭园观赏，园路树	东北，华北，西北
雪柳	*Fontanesia fortunei*	木犀科	阳性，耐寒，耐干旱	花黄白色，花期3~4月叶前开放；庭园观赏，丛植	东北，华北，西北
紫珠	*Callicarpa dichotoma*	马鞭草科	中性，耐寒，适应性强，耐修剪	花小白色，花期5~6月；绿篱，丛植，林带下木	东北南部至长江中下游
海州常山	*Clerodendrum trichotomum*	马鞭草科	喜温暖，喜光，也耐阴，耐瘠薄，耐盐碱	花淡紫色，花期5~10月；丛植作绿篱	全国各地
牡丹	*Paeonia suffruticosa*	毛茛科	中性，喜温暖气候，较耐寒	果紫色美丽，秋冬；庭园观赏，丛植	华北，华东，中南
日本小檗	*Berberis thunbergii*	小檗科	耐寒，耐半荫，耐干旱，瘠薄土壤	花小而黄白色，单生或簇生。浆果椭球形，亮红色；观赏刺篱	华北，华东，中南
紫叶小檗	*Berberis thunbergii f. atropurpurea*	小檗科	中性，耐寒，要求排水良好土壤	花白、粉、红、紫，花期4~5月；庭园观赏	华北，西北，长江流域

藤本

中名	学名	科名	习性	观赏特性及园林用途	适用地区
铁线莲	Clematis florida	毛茛科	中性, 喜温暖, 不耐寒, 半常绿	花白花, 夏季; 攀缘篱垣, 棚架, 山石	西北及华北地区
木通	Akebia quinata	木通科	中性, 喜温暖, 不耐寒, 落叶	花暗紫色, 花期 4 月; 攀缘棚架, 山石	长江流域以南地区
三叶木通	Akebia trifoliata	木通科	中性, 喜温暖, 较耐寒, 落叶	花暗紫色, 花期 5 月; 攀缘篱垣, 山石	华北至长江流域
五味子	Schisandra chinensis	五味子科	中性, 耐寒性强, 落叶	果红色, 8~9 月; 攀缘篱垣, 山石	东北、华北、华中地区
华中五味子	Schisandra sphenanthera	五味子科	耐荫, 耐寒, 喜温湿气候, 落叶	落叶藤本, 小枝红褐色, 密生隆起的皮孔。花期 4~6 月, 果期 6~10 月。	长江流域及其以南地区
七姊妹	Rosa multiflora 'Platyphylla'	蔷薇科	阳性, 喜温暖, 较耐寒, 落叶	花深红, 重瓣, 花期 5~6 月; 攀比篱垣, 棚架等	华北至华南地区
木香	Rosa banksiae	蔷薇科	阳性, 喜温暖, 较耐寒, 半常绿	花白或淡黄, 芳香, 花期 4~5 月; 攀缘篱架等	华北至长江流域
紫藤	Westeria sinensis	豆科	阳性, 耐寒, 适应性强, 落叶	花堇紫色, 花期 4 月; 攀缘棚架, 枯树等	南北各地
多花紫藤	Westeria floribunda	豆科	阳性, 喜温暖, 适应性强, 落叶	花紫色, 花期 4 月; 攀缘棚架, 枯树, 盆栽	长江流域及其以南地区
常春藤	Hedera helix	五加科	阳性, 喜温暖, 不耐寒, 常绿	绿叶长青; 攀缘墙垣, 山石等	长江流域及其以南地区
中华常春藤	Hedera nepalensis var.sinensis	五加科	阴性, 喜温暖, 不耐寒, 常绿	绿叶长青; 攀缘墙垣, 山石等	长江流域及其以南地区
地锦	Parthenocissus tricuspidata	葡萄科	耐荫, 耐寒, 适应性强, 落叶	秋叶红、橙色; 攀缘墙面, 山石, 树干等	东北南部至华南地区
五叶地锦	Parthenocissus quinquefolia	葡萄科	耐荫, 耐寒, 喜温湿气候, 落叶	秋叶红、橙色; 攀缘墙面, 山石, 墙垣, 棚篱等	东北南部、华北地区
薜荔	Ficus pumila	桑科	耐荫, 喜温暖气候, 不耐寒, 常绿	绿叶长青; 攀缘山石, 墙垣, 树干等	长江流域及其以南地区
叶子花	Bougainvillea spectabilis	紫茉莉科	阳性, 喜暖热气候, 不耐寒, 常绿	花红、紫, 花期 6~12 月; 攀缘山石, 墙、廊柱, 园	华南, 西南地区
扶芳藤	Euonymus fortunei	卫矛科	耐荫, 喜温暖气候, 不耐寒, 常绿	绿叶长青; 掩覆墙面, 山石, 老树干等	长江流域及其以南地区

续表

中名	学名	科名	习性	观赏特性及园林用途	适用地区
胶东卫矛	Euonymus kiautshovicus	卫矛科	耐荫，喜温暖，稍耐寒，半常绿	攀附花格、墙面、山石、老树干	华北至长江中下游地区
南蛇藤	Celastrus orbiculatus	卫矛科	中性，耐寒，性强健，落叶	秋叶红、黄色；攀缘棚架、墙垣等	东北、华北至长江流域
金银花	Lonicera japonica	忍冬科	喜光，也耐荫，耐寒，半常绿	花黄、白色，芳香，花期5~7月；攀缘小型棚架	华北至华南、西南
络石	Trachelospermum jasminoides	夹竹桃科	耐荫，喜温暖，不耐寒，常绿	花白色，芳香，花期5月，攀缘墙垣、山石	长江流域各地
凌霄	Campsis grandiflora	紫葳科	中性，喜温暖，稍耐寒，落叶	花桔红、红色，花期7~8月；攀缘墙垣、山石等	华北及其以南各地
美国凌霄	Campsis radicans	紫葳科	中性，喜温暖，耐寒，落叶	花桔红色，花期7~8月；攀缘墙垣、山石、棚架	华北及其以南各地
炮仗花	Pyrostegia ignea	紫葳科	中性，喜暖热，不耐寒，常绿	花橙红色，夏季；攀缘棚架、墙垣、山石等	华南地区
薯蓣	Dioscorea opposita	薯蓣科	耐寒，喜光	叶片三角状卵形，花期6~8月，垂直绿化	华北、西北及长江流域
清风藤	Sabia japonica	清风藤科	喜温暖，耐半荫。	花黄绿色，下垂，先叶开放。垂直绿化。	华南
北清香藤	Jasminum lanceolarium	木犀科	喜光，稍耐荫，不耐寒。	花冠白色，花期4~10月，垂直绿化	华南地区
瓜馥木	Fissistigma oldhamii	番荔枝科	喜温暖，耐半荫。	叶革质，倒卵状椭圆形或长圆形。花期4~9月；垂直绿化	华南地区
翼叶山牵牛	Thunbergia alata	爵床科	喜温暖，耐半荫。	花淡黄绿色，花期5~6月；垂直绿化	华东、华南和西南等地

一、二年生花卉

中名	学名	科名	习性	观赏特性及园林用途	适用地区	观赏期
三色苋	*Amaranthus tricolor*	苋科	喜阳光、湿润及通风良好，不耐寒；耐温暖，耐旱	叶卵状椭圆形至披针形，基部常暗紫色；丛植、盆栽观叶	南北均有	6～10月
红绿草	*Alternanthera betzickiana*	苋科	喜温暖，喜光，冷；不耐阴；略耐阴；不耐酷热及干旱及水涝	叶小，对生，舌状全缘或绿色晕；模纹花坛材料	南北均有	5～11月
可爱虾钳菜	*Alternanthera amoena*	苋科	喜温暖，不耐酷热及寒冷；喜光，略耐阴；不耐干旱及水涝	茎平卧。叶狭，基部下延，叶柄短，叶暗紫红色；模纹花坛材料	南北均有	5～11月
鸡冠花	*Celosia cristata*	苋科	喜炎热和空气干燥，不耐寒	栽培品种多，颜色丰富而鲜艳，花坛；花境；切花或干花	全国各地	夏季
凤尾鸡冠	*Celosia cristata f. Pyramidalis*	苋科	喜炎热和空气干燥，不耐寒	栽培品种多，颜色丰富而鲜艳，花坛；切花或干花	全国各地	夏季
千日红	*Gomphrena globosa*	苋科	喜温暖干燥，不耐寒	头状花序，花坛；花境；盆栽	南北各地	8～10月
大花马齿苋	*Portulaca grandiflora*	马齿苋科	喜温暖、光照充足	花色丰富，花坛；岩石园；劳丛植	全国各地	7～8月
麦仙翁	*Agrostemma githago*	石竹科	耐寒，耐干旱瘠薄	全株有白色长柔毛，花大而美，花坛；花境、岩石园	全国各地	夏秋季
红叶甜菜	*Beta vulgaris var.cicla*	藜科	喜光，宜温暖、凉爽的气候，极耐寒	叶色艳丽，红色，花坛；花境	全国各地	冬春
须苞石竹	*Dianthus barbatus*	石竹科	喜冷爽、光照充足，耐寒	花色丰富，常有复色品种，花坛；花境；切花	全国各地	5～6月
石竹	*Dianthus chinensis*	石竹科	喜凉爽、阳光充足，耐寒	花瓣先端浅裂呈牙齿状，花坛；花境；路边及草坪边缘	全国各地	5～9月
高雪轮	*Silene armeria*	石竹科	喜阳光充足、温暖，耐寒	聚伞花序顶生，花坛；花境；岩石园；地被；切花	全国各地	4～6月
矮雪轮	*Silene pendula*	石竹科	喜阳光充足、温暖，耐寒	花萼膨大成瓶状，花坛；岩石园；地被	全国各地	5月

续表

中名	学名	科名	习性	观赏特性及园林用途	适用地区	观赏期
飞燕草	Consolida ajacis	毛茛科	喜冷凉、阳光充足，较耐寒	植株具竖向线条；花境	全国各地	5~6月
花菱草	Eschscholtzia californica	罂粟科	喜凉爽，较耐寒	花大而艳丽；花坛；花境	华北、华东	5~6月
虞美人	Papaver rhoeas	罂粟科	喜凉爽、阳光充足，燥通风	花大艳丽；花境	华北、华东	5~6月
大花亚麻	Linum grandiflora	亚麻科	喜半阴、不耐肥，较耐寒，喜排水良好	株态纤细优美；花境；花丛	全国各地	5~6月
亚麻	Linum usitatissimum	亚麻科	喜阳光充足，排水好的土壤	株型较高；道路绿化，庭院栽植	全国各地	秋季
福禄考	Phlox drummondii	花荵科	喜凉爽、阳光充足，耐寒	株型低矮；花坛、花境、岩石园或作盆栽	全国各地	5~7月
屈曲花	Iberis amara	十字花科	喜冷凉、阳光充足，较耐寒	白色总状花序；花坛、花境、岩石园	华东、华中	5~6月
羽衣甘蓝	Brassica oleracea var.acephalea	十字花科	喜光照充足，喜排水良好土壤，寒力不强	叶形态变化丰富；冬季花坛	长江流域及其以南	冬春
香雪球	Lobularia maritime	十字花科	喜冷凉，稍耐寒，忌炎热	总状花序，花朵密生，芳香；岩石园、地被，毛色花坛、花境	华中、华东	3~6月或9~10月
诸葛菜	Orychophragmus violaceus	十字花科	耐寒性较强，适应性强	花蓝色；草地缀花或岩石园	全国各地	2~6月
七里黄	Cheiranthus allionii	十字花科	耐寒，不耐炎热，喜阳光充足	花黄色，植株较高；花境、盆栽；切花	华中、华东	5月
桂竹香	Cheiranthus cheiri	十字花科	喜冷凉干燥，阳光充足，耐寒力强	植株较高，有芳香气味；花坛、花境	华东	4~5月
紫罗兰	Mathiola incana	十字花科	喜凉爽、通风，稍耐寒	植株较高，花序大型；花坛；切花	华中、华东	4~5月
彩叶草	Coleus blumei	唇形科	温暖，耐寒力弱	叶色丰富；盆栽、花坛	华东、华南	8~9月
一串红	Salvia splendens	唇形科	喜光，喜温暖湿润的气候，不耐霜寒	花期长；花丛；花径；花群；盆栽	全国各地	5~7月或7~10月

续表

中名	学名	科名	习性	观赏特性及园林用途	适用地区	观赏期
粉萼鼠尾草	Salvia farinacea	唇形科	喜光，喜温暖湿润的气候，不耐霜寒	花期长，花蓝色；花坛；花径；花丛；花群；盆栽	全国各地	7~9月
角堇	Viola cornuta	堇菜科	性强健，喜凉爽，忌高温，耐寒	花色丰富，品种多样；花坛	华东	春季
三色堇	Viola tricolor var. hortensis	堇菜科	喜冷凉爽气候，较耐寒，耐半阴	花色丰富，栽培品种多；草坪、花境边缘	华东	4~5月
金鱼草	Antirrhinum majus	玄参科	喜凉爽，较耐寒，不耐酷热	总状花序顶生，苞片卵形；花坛；切花	华东、华中	5~6，9~10月
夏堇	Torenia fournieri	玄参科	喜温暖气候，不畏炎热	花丛；花群，色彩丰富，宜作花坛布置	华中、华南	夏秋
猴面花	Mimulus luteus	玄参科	喜半阴及温润环境，不耐寒	花朵艳丽有特点；花坛、草坪、花境、路边栽植	华东地区	冬春
蒲包花	Calceolaria herbeohybrida	玄参科	不耐寒，怕炎热及通风良好；喜温润耐干旱	花冠下唇大并膨胀呈荷包状；室内盆花	全国各地	12月至翌年5月
毛蕊花	Verbascum thapsus	玄参科	喜光，喜凉爽	花冠喉部凹入；花黄色；花坛；花境；岩石园及林缘隙地丛植	华东、西南	5~6月
龙面花	Nemesia strumosa	玄参科	喜温和而凉爽气候，冬季不耐寒	花形优美，色彩鲜艳，亦可作金花和切花材料，为良好的花坛布置	长江流域以南	6~9月
送春花	Godetia amoena	柳叶菜科	喜冷凉、湿润，耐寒性不甚强	穗状花序，小花紫色；花坛花境	华东	5~6月
月见草	Oenothera biennis	柳叶菜科	喜阳光，简燥，不耐热，喜温暖	花黄色，具香味，傍晚开放；花坛	全国各地	6~9月
虾衣花	Callispidia guttata	爵床科	不耐寒，喜温暖	苞片颜色丰富；花境	华南	冬春季节
金苞花	Pachystachys lutea	爵床科	喜温暖、潮湿，不耐寒	苞片颜色金黄鲜艳；盆栽、花坛	华中、华北、华南、华东	春至秋
醉蝶花	Cleome spinosa	白花菜科	喜温暖湿润，不耐寒	花朵形态优美；花坛；花境	华东、华南	6~9月
心叶藿香蓟	Ageratum houstonianum	菊科	喜阳光充足，温暖湿润的环境，稍耐荫	花序较大，园艺品种丰富；花坛、花境	华东等地	夏秋季节

续表

中名	学名	科名	习性	观赏特性及园林用途	适用流域与地区	观赏期
雏菊	*Bellis perennis*	菊科	较耐寒，喜冷凉	头状花序，花色丰富；花坛、花境	长江流域与华北地区	4~5月
金盏菊	*Calendula officinalis*	菊科	喜阳光，耐低温	金黄色的花朵，圆盘形，婷婷向上；花坛、盆栽，切花	华东	3~5月
万寿菊	*Tagetes erecta*	菊科	稍耐寒，喜阳光充足、温暖	花色艳丽，花期长；花坛、花境、花丛	全国各地	6~10月
孔雀草	*Tagetes patula*	菊科	稍耐寒，喜阳光充足、温暖，耐半阴	花色艳丽，花期长；切花、花坛、花境、花丛	全国各地	6~10月
百日草	*Zinnia elegans*	菊科	喜光，耐半阴，不耐寒	花色艳丽，花期长；花坛、花境	全国各地	6~9月
黄晶菊	*Chrysanthemum multicaule*	菊科	喜阳光充足而凉爽的环境	开花茂密，耀眼别致；花期极长；花坛、花境、花被	华东	早春至春末
白晶菊	*Chrysanthemum paludosum*	菊科	喜阳光充足而凉爽的环境	开花茂密，花小白色；花期极长；花坛、花境	华东	3~5月
矢车菊	*Centaurea cyanus*	菊科	较耐寒。喜冷凉，忌炎热，喜光	花色艳丽，多为蓝色系；花坛、地被、切花	华东、华中	6~8月
硫华菊	*Cosmos sulphureus*	菊科	喜温暖、凉爽，不耐寒	头状花序，花色艳丽；花丛、花群	南北均有	8~10月
大波斯菊	*Cosmos bipinnatus*	菊科	喜温暖、凉爽，不耐寒	花大，色泽鲜艳；花丛、花群、花境、地被、切花	南北均有	6~10月
红花烟草	*Nicotiana sanderae*	茄科	喜温暖，耐寒；喜光	花大色艳；花坛、花境	华东、华中、华南	8~10月
矮牵牛	*Petunia hybrida*	茄科	喜温暖，不耐寒	植株矮小，花大色艳；花坛、花境	南北均有	4~10月
羽叶茑萝	*Quamoclit pennata*	旋花科	喜温暖、阳光充足，不耐寒	花朵星形，色彩艳丽；垂直绿化	各地均有	8~10月
六倍利	*Lobelia erinus*	桔梗科	性喜凉爽，忌霜冻	植株矮小，花色艳丽；花坛、花镜	华东	春夏季
旱金莲	*Torpaeolum majus*	旱金莲科	喜温暖湿润，不耐寒；喜阳光充足，稍耐阴	花大，黄色；垂直绿化；花坛	华东、华南	7~9月或
紫堇	*Corydalis edulis*	紫堇科	不耐寒，忌酷热，喜半阴	花小紫色；林下地被；岩石园	长江流域	5~7月

宿根花卉

中名	学名	科名	习性	观赏特性及园林用途	适用地区	观赏期
瞿麦	Dianthus superbus	石竹科	喜光，有一定的耐寒性和耐旱性	植株较高，圆锥花序；丛植、片植于山坡草地，林缘、疏林下	华北、西北、华东	6~9月
常夏石竹	Dianthus plumarius	石竹科	喜凉爽及稍湿润，耐热，耐半阴	植株较小，花；岩石园；切花	华北、西北、华东	6月
石碱花	Saponaria officinalis	石竹科	喜光，耐半阴，耐寒	聚伞花序顶生，粉红或白色，花境；丛植地被	华东、华南	7~9月
大花剪秋罗	Lychnis fulgens	石竹科	喜阳，凉爽，高燥，耐旱	植株矮小，花黄色；自然式布置或丛植片植	东北、华北	夏秋
牛舌草	Anchusa italica	紫草科	性喜温和湿润气候，夏季凉爽，忌高温	花冠蓝色；花坛、园景布置或切花	华东	5~6月
倒提壶	Cynoglossum amabile	紫草科	喜阳光，稍耐荫蔽，择土不严	具有灰绿色叶片及天蓝色花朵；岩石园，草坪边缘，路边	西南、华东等	4~8月
紫茉莉	Mirabilis jalapa	紫茉莉科	喜温暖，湿润，不耐寒	花期长，花色艳丽丰富；庭园丛植	全国各地	夏季
楼斗菜	Aquilegia viridiflora	毛茛科	宜较高的空气湿度	花形奇特；花坛、花境及岩石园	华北	5~7月
银莲花	Anemone narcissifolia	毛茛科	喜冷凉，阳光充足，忌高温炎热	总苞5枚不等大，花白或粉红色；花坛；花境；片植；盆栽	东北	5~6月
唐松草	Thalictrum minus	毛茛科	性耐寒，喜阳也耐半荫	花小，总状圆锥花序可爱；岩石园	全国各地	春夏季
芍药	Paeonia lactiflora	毛茛科	喜阳光充足，极耐寒，忌夏季湿热	栽培品种丰富；花坛、花境、专类园	华东、华北	春夏季
荷包牡丹	Dicentra spectabilis	罂粟科	喜凉爽，耐寒，不耐高温	花形奇特，栽培品种丰富	华东、华北	4~6月
东方罂粟	Papaver orientale	罂粟科	喜冷凉，耐寒性强	花色丰富而艳丽；花境	华北、华东	5~7月
美女樱	Verbena hybrida	马鞭草科	喜温暖，湿润，阳光充足，有一定耐寒性	花色艳丽；花坛和花境	长江流域以南	6~9月
细叶美女樱	Verbena tenera	马鞭草科	喜温暖、湿润、阳光充足，有一定耐寒性	株型矮小纤细；花坛和花境	长江流域以南	6~9月

续表

中名	学名	科名	习性	观赏特性及园林用途	适用地区	观赏期
宿根亚麻	Linum perenne	亚麻科	喜温暖，耐寒	株型纤细优美；花坛、花境、岩石园	东北、华北、华东	6~7月
随意草	Physostegia virginiana	唇形科	耐寒力强；喜阳光充足、湿润	穗状花序蓝色；花坛；切花	各地均有栽培	7~9月
匍匐筋骨草	Ajuga reptans	唇形科	喜温和湿润气候，耐寒	植株匍匐地面；花境、林下地被	华北、西北、四川、浙江	4~8月
羽叶薰衣草	Lavandula pinnata	唇形科	冬季喜温暖湿润，夏季宜凉爽干燥	轮伞花序，花蓝紫色；花境	华南各地	6月
野薄荷	Mentha haplocalyx	唇形科	寒性强；喜阳光充足、湿润	叶色黄绿；坡地、潮湿地、道路旁种植	全国各地	8~9月
美丽月见草	Oenothera speciosa	柳叶菜科	喜日照充足，耐半阴，不耐寒	植株较高，花大；花境；地被	华东	6~9月
山桃草	Gaura lindheimeri	柳叶菜科	喜凉爽及半湿润气候，较耐寒	穗状花序，花小；花坛、花境、坡地栽植或草坪点缀	华北、华中、华东	5~9月
丛生福禄考	Pholx subulata	花荵科	性强健，抗热，也极耐寒，抗干旱	花色丰富；毛毡花坛、岩石园材料、护坡地被	华中、华东	3~4月
钓钟柳	Penstemon campanulatus	玄参科	耐寒，喜凉爽、湿润	圆锥花序，花色丰富；花境	华东、华中	7~10月
毛地黄	Digitalis purpurea	玄参科	耐寒，耐干旱，喜阴旦耐荫	花大，颜色鲜艳；花境；岩石园	长江流域	5~6月
风铃草	Campanula medium	桔梗科	稍耐寒，喜冷凉，忌炎热	花冠膨大，钟形，栽培品种多；花坛、花境，或作切花	华东	5~6月
桔梗	Platycodon grandiflorus	桔梗科	耐寒性强，喜凉爽、湿润、疏阴	花期长，花色美丽；岩石园或花坛花境	华东、华中	6~9月
荷兰菊	Aster novi-belgii	菊科	耐寒性强，喜凉爽；喜阳光和通风良好	头状花序，淡蓝紫色或白色；花坛、花境、花丛，盆栽	长江以南、长江以北	8~10月
紫菀	Aster tataricus	菊科	耐寒性强；需阳光充足和通风良好	植株较高；花丛、花坛、花境	东北、华北	秋季

续表

中名	学名	科名	习性	观赏特性及园林用途	适用地区	观赏期
大花金鸡菊	*Coreopsis grandiflora*	菊科	性强健，耐寒、喜温暖、阳光充足	植株高，花大黄色；花坛，花境，花径，花丛	华北、华中、华东	6~9月
紫松果菊	*Echinacea purpurea*	菊科	耐寒，喜阳光充足、温暖，稍耐阴	筒状花突起似松果；花坛，花境，丛植	南北均有	6~7月
宿根天人菊	*Gaillardia aristata*	菊科	耐寒性强，喜阳光充足，喜温暖	舌状花黄色，基部红褐色；丛植，花境，切花	华东、华北	6~10月
金光菊	*Rudbeckia laciniata*	菊科	耐寒，喜温暖；宜阳光充足	舌状花金黄色，倒披针形；丛植，群植，花境，草地	华东等地	7~9月
黑心金光菊	*Rudbeckia hirta*	菊科	耐寒，喜温暖；宜阳光充足	花大黄色，黑心；丛植，群植，花境，草地边缘	南北均有	6~9月
蓍草	*Achillea sibirica*	菊科	耐寒，宜温暖、湿润；喜阴，耐半阴	花色丰富，株型纤细；花坛，花境，林下地被	华东、华北	7~9月
罗马甘菊	*Chamaemelum nobile*	菊科	喜排水良好的砂质壤土；喜光耐寒、耐干旱	花色高雅，芬芳宜人；花坛，盆栽或切花	华南、华北	夏季
三裂蟛蜞菊	*Wedelia trilobata*	菊科	性强健、较耐寒	花异型，舌状花黄色；作庭园绿化或地被植物	华南、华东	夏秋季
黄帝菊	*Melampodium paludosum*	菊科	喜较强光照与潮湿环境，喜阳光充足	花小黄色；花坛，花境	华南、华东	自春至初冬
旋覆花	*Inula japonica*	菊科	耐寒，喜温暖、冷凉的干燥环境	花朵艳丽奇特；花境，庭园群植	全国大部分地区	夏季
蓝目菊	*Arctotis stoechadifolia var.grandis*	菊科	性喜温暖，阳性，不耐寒	花大色鲜，栽培品种多；花坛，花境	华南、华东	4~6月
紫叶鸭跖草	*Setcreasea purpurea*	鸭跖草科	喜温暖；喜阳光充足，较耐寒，耐半阴	叶为紫色，花小淡紫色；花坛或地被	华南、华东	5~9月
射干	*Belamcanda chiensis*	鸢尾科	喜温暖，喜阳光充足；耐干燥的干旱环境	叶片剑形，蓝绿色；花坛，丛植	原产中国	7~8月
马蔺	*Iris ensata var. chinensis*	鸢尾科	喜温暖、湿润和阳光充足环境	叶丛生，狭线形，花大紫色；盆栽，花坛，花境，丛植，作地被	原产中国	4~5月
德国鸢尾	*Iris germanica*	鸢尾科	喜温暖，耐寒性强	花大鲜艳；盆栽，花坛，花境，丛植	长江流域以南	5~6月

续表

中名	学名	科名	习　性	观赏特性及园林用途	适用地区	观赏期
蝴蝶花	*Iris japonica*	鸢尾科	稍耐寒，喜半阴	花白色有花纹；花境，林下地被	长江流域以南	4~5月
溪荪	*Iris sanguinea*	鸢尾科	耐寒力强，喜阳光充足	叶线形，花白色或紫色；花境	华东、华南、华北	5~6月
鸢尾	*Iris tectorum*	鸢尾科	稍耐寒，喜半阴	叶二列状排列；花境，林下地被	长江流域以南	4~5月
花叶艳山姜	*Alpinia zerumbet* 'Variegata'	姜科	喜高温高湿，耐半阴	花弯垂近钟形，花冠近白色；花境	华南	夏季
多叶羽扇豆	*Lupinus ployphyllus*	豆科	喜冷爽，忌炎热；喜阳光充足	花色丰富，花序大型；林缘，花坛；丛植；切花	华南	春夏
蔓花生	*Arachis duranensis*	豆科	耐旱及耐热，对有害气体的抗性较强	花腋生，蝶形，金黄色；固土护坡植物	华南	春季至秋季
四季秋海棠	*Begonia semperflorens*	秋海棠科	喜温暖、湿润、半阴，不耐寒，忌干燥和积水	花序腋生，花红色至白色，园艺品种多；花坛；盆栽	南方大部分地区	全年

球根花卉

中名	学名	科名	习　性	观赏特性及园林用途	适用地区	花　期
花毛茛	*Ranunculus asiaticus*	毛茛科	喜凉爽，不耐寒	花大色艳，栽培品种丰富；花坛；花带；盆栽；切花	南北各地	4~5月
大丽花	*Dahlia pinnata*	菊科	喜高燥，凉爽	花大色艳，花坛、花境、庭院丛植，盆栽，切花	全国大部分地区	6~10月
风信子	*Hyacinthus orientalis*	百合科	喜温暖、湿润、阳光充足	花序大型，花境及小径旁；布置林缘；草坪	长江流域以南	春季
黄精	*Polygonatum sibiricum*	百合科	喜阴、耐寒	花腋生，下垂，白色；林下地被；药用植物专类园	华南	春季
玉竹	*Polygonatum odoratum*	百合科	喜阴、耐寒	花腋生，下垂；林下地被	华南	5~6月
花贝母	*Fritillaria imperialis*	百合科	喜凉爽、湿润，稍耐寒	花大色艳；花境，自然丛植，或作切花	长江中下游地区	4~5月

续表

中名	学名	科名	习性	观赏特性及园林用途	适用地区	花期
卷丹	Lilium lancifolium	百合科	性耐寒，喜温暖干燥气候	花大，多为橙红色；花境、丛植，或作切花用	华南	7~8月
大花葱	Allium giganteum	百合科	喜凉爽和阳光充足	球状大伞形花序，浅紫色；作花境条植或丛植	华南、华东	5~6月
地中海绵枣儿	Scilla peruviana	百合科	适应性强，喜冷凉	花序大型，紫色；花坛、岩石园、盆栽	亚热带地区	春季
火炬花	Kniphofia uvaria	百合科	喜温暖，稍耐寒	栽培品种丰富；盆栽、花境	长江流域以南	春季
郁金香	Tulipa gesneriana	百合科	喜凉爽湿润，耐寒	栽培品种丰富，花大色艳；花坛、花境、林缘及草坪边丛栽	全国大部分地区	3~5月
石蒜	Lycoris radiate	石蒜科	喜温暖，耐寒力强	花大，红色艳丽；林下地被	长江流域及以南地区	7~9月
忽地笑	Lycoris aurea	石蒜科	喜温暖，耐寒力强	花大，黄色；林下地被	中国中南部	8~10月
鹿葱	Lycoris squamigera	石蒜科	喜温暖，耐寒力强	叶丛生，花葶高，伞形花序；林下、坡地	华北	8月
雪滴花	Leucojum vermum	石蒜科	喜凉爽湿润，耐寒半阴	聚成伞形花序下垂，及草坪边缘做地被	华东、华北	3~4月
红口水仙	Narcissus poeticus	石蒜科	喜夏季凉爽，耐寒	花大白色，中橙红色；丛植，或作切花	华东、华北	4~5月
洋水仙	Narcissus pseudonarcissus	石蒜科	耐寒，适应冬季寒冷和夏季干热的生态环境	花大色艳；常用于花坛、岩石园及草坪丛植，也可用于盆栽观赏	华北地区可露地过冬	4~5月
橙黄水仙	Narcissus incomparabilis	石蒜科	喜冷凉润及阳光充足，耐半阴	红口水仙与洋水仙的杂种；疏林下、草坪上丛植	南北皆有	4月
蜘蛛兰	Hymenocallis speciosa	石蒜科	喜光照，温暖湿润，不耐寒	花白色，花朵奇特；花境、林下地被	华南、华东	夏秋季
文殊兰	Crinum asiaticum	石蒜科	喜温暖湿润，不耐寒	花被片线形，有香气；花境、林下地被	华南	夏季
朱顶红	Hippeastrum vittatum	石蒜科	喜温暖湿润，光照适中	花大色艳；室内盆栽花卉	华南、西南	夏季
网球花	Haemanthus multiflorus	石蒜科	喜温暖湿润环境，耐寒力弱	优良的室内盆花。南方室外丛植	华南、华东	6~7月

续表

中名	学名	科名	习性	观赏特性及园林用途	适用地区	花期
百子莲	*Agapanthus africanus*	石蒜科	不耐寒，宜半阴	顶生伞形花序，小花多，钟状漏斗形；花坛中心，盆栽	华南	7~8月
大花美人蕉	*Canna generalis*	美人蕉科	喜高温炎热，不耐寒	花大色艳；花境，盆栽	长江流域以南	7~10月
紫叶美人蕉	*Canna warscewiezii*	美人蕉科	喜高温和阳光充足，也能耐半阴	叶面紫色或淡黄色而叶脉绿色；花坛材料或盆栽观赏	长江流域以南	6~8月
花叶美人蕉	*Canna generalis* 'Striatus'	美人蕉科	喜高温、高湿、阳光充足的气候条件	金黄色的叶面间杂着细密的绿色条纹；适合在湿地、盆径群植	长江流域以南	5~11月
球根秋海棠	*Begonia tuberhybrida*	秋海棠科	喜温暖湿润	花色多样，栽培品种丰富；盆栽	华南、华东	夏秋季
丽格秋海棠	*Begonia aelatior*	秋海棠科	性喜冷凉，冷凉地区栽培为佳	花期长，枝叶翠绿，花色丰富；四季室内观花植物	全国各地	8~9月
马蹄莲	*Zantedeschia aethiopica*	天南星科	喜温暖，湿润和阳光充足环境	花大白色；重要切花，也可盆栽观赏	华南、华东	12月至翌年5月
番红花	*Crocus sativus*	鸢尾科	喜温和凉爽环境	花柱血红色；花境、岩石园、草坪边缘丛植及盆栽	长江流域	9~10月
火星花	*Crocosmia corcosmiflora*	鸢尾科	喜温暖气候，耐寒	花冠漏斗形，橙红色；花境，花坛和庭院栽植	长江中下游地区	初夏至秋季
唐菖蒲	*Gladiolus hybridus*	鸢尾科	阳性，耐寒力强，喜水湿	蝎尾状聚伞花序，品种丰富，也可用于花坛，花境	南北皆有	4~5月

草坪植物

中名	学名	科名	习性	观赏特性及园林用途	适用地区	花期
狗牙根	*Cynodon dactylon*	禾本科	耐寒力弱，耐炎热，喜温暖；不耐阴	茎细圆而稍，匍匐地面；草坪地被	黄河流域以南	4~9月
野燕麦	*Avena fatua*	禾本科	喜潮湿，耐寒，抗旱	秆直立单生或丛生；草坪地被	南北均有	3~8月
马尼拉	*Zoysia matrella*	禾本科	耐寒，喜温暖；喜光，耐阴；抗旱性强	耐践踏，优良草坪地被植物	黄河流域以南	5月

续表

中名	学名	科名	习性	观赏特性及园林用途	适用地区	花期
草地早熟禾	Poa pratensis	禾本科	耐寒力强，喜凉爽，忌酷暑	叶细长柔软，冷凉型草坪植物	东北、黄河流域均有	6月
高羊茅	Festuca arundinacea	禾本科	性喜寒冷潮湿、温暖的气候	耐践踏；应用于运动场草坪和防护草坪	华北、华东	5~6月
蓝羊茅	Festuca glauca	禾本科	喜阴光充足，干燥之地。不择土壤，适应性强，耐寒、耐旱	蓝灰色叶丛；花坛镶边或花境、岩石园栽植	华东、华北均有	5~6月
多花黑麦草	Lolium multiflorum	禾本科	喜冬季温暖、夏季凉爽，不耐寒	穗状花序有芒；草坪地被	华南、华东	6~7月
丽带草	Arrhenatherum elatius 'Variegatum'	禾本科	性强健，耐寒，喜凉爽，忌炎热	叶线形，具黄白色边；栽植于草坪边缘及小路旁，花坛、花境镶边	华南、华东	6~7月
野牛草	Buckloe dactyloides	禾本科	耐寒。耐贫瘠土壤	叶线状，密被细柔毛；草坪地被	华东、华北	6~7月
地毯草	Axonopus affinis	禾本科	耐旱性强，耐寒性强	节常被灰白色柔毛；草坪地被	华东、华北	5~6月

地被植物

中名	学名	科名	习性	观赏特性及园林用途	适用地区	花期
鱼腥草	Houttuynia cordata	三白草科	喜生于阴湿处或近水边	有腥臭的草本，叶心形；林下地被	华东、华南、华中、西南	5~7月
花叶鱼腥草	Houttuynia cordata var. 'variegata'	三白草科	较耐寒，喜半荫和潮湿土壤	叶面夹杂金黄色斑块；林下地被	华东、华南、华中、西南	5~7月
虎耳草	Saxifraga stolonifera	虎耳草科	喜阴湿，温暖的气候，耐荫	叶具白色网状脉纹，下面紫红色；林下地被	秦岭以南各地均有	夏季
垂盆草	Sedum savmentosum	景天科	较耐寒；喜稍阴湿	三叶轮生，倒披针形至长圆形；地被、坛镶边；配植于毛毡花坛	东北、华北、华东	4~5月

续表

中名	学名	科名	习性	观赏特性及园林用途	适用地区	花期
佛甲草	*Sedum lineare*	景天科	较耐寒；喜稍阴湿	叶小，肉质，披针形；地被	华东、华南、西南等	4~5月
八宝	*Hylotelephium erythrostictum*	景天科	耐寒；喜阳光充足	肉质草本，花桃红色；花坛、花境及岩石园；也可作地被植物	华南、华东、西南等	8~9月
白花三叶草	*Trifolium repens*	豆科	阳性，喜温暖，耐热耐寒	叶中有白色花纹；花坛；花境及岩石园	南北皆有	4~6月
红花酢浆草	*Oxalis rubra*	酢浆草科	喜温暖，不耐寒，忌炎热	成丛生长，花期较长；观花地被；盆栽	各地均有	10月至翌年3月
紫叶酢浆草	*Oxalis triangularis*	酢浆草科	中性，喜温暖，稍耐阴热	叶紫色；观花地被	各地均有	6月至翌年3月
马蹄金	*Dichondra repens*	旋花科	中性，耐阴力较强。对土壤要求不严	具匍匐茎，叶小可爱；花坛、山石园	华东、华中	夏秋
牛至	*Origanum vulgare*	唇形科	耐寒；耐半阴	花冠紫色或白色；地被	华东、西南	7~11月
穗花婆婆纳	*Veronica spicata*	玄参科	喜光，耐半阴	花蓝色或粉色，顶生总状花序；花坛、切花	各地均有	6~8月
白穗花	*Speirantha gardenii*	百合科	喜凉爽、湿润、耐寒；喜半阴	叶基渐狭，总状花序；优良的地被植物	华东地区	6月
老鸦瓣	*Tulipa edulis*	百合科	喜光，适应性强	花小，花瓣细长；地被植物	长江流域	2~3月
万年青	*Rohdea japonica*	百合科	喜温暖，较耐寒；喜半阴及湿润环境，忌强光	叶绿喜人；疏林下地被、盆栽，或作切叶	全国均有	6~7月
萱草	*Hemerocallis fulva*	百合科	性耐寒，亦耐干旱与半荫	花大，有多种栽培品种；花坛、花境、路旁，也可作疏林地被植物	华东、华南、华中均有	夏季
沿阶草	*Ophiopogon japonicus*	百合科	喜温暖，湿润，稍耐寒；喜阴湿	花坛、花境边缘、岩石园，配置假山石、林下地被	长江流域以南	8~9月
阔叶麦冬	*Liriope platyphylla*	百合科	较耐寒，耐阴	岩石园，林下地被	南北均有	7~8月
玉簪	*Hosta plantaginea*	百合科	性强健，喜阴湿，忌恶光直射	花漏斗形，白色，具浓香；林下地被及阴处的基础种植	南北均有	6~7月

续表

中名	学名	科名	习性	观赏特性及园林用途	适用地区	花期
紫萼	Hosta ventricosa	百合科	性强健、耐寒、喜阴湿，忌强光直射	花淡紫色，状小，无香味；林下地被及阴处的基础种植	南北均有	6~7月
油点草	Tricyrtis macropoda	百合科	耐荫、疏松、富含腐殖质的土壤	叶互生，有透明油点；适宜花境、宿根园、岩石园栽植	华东、华南、西南	夏季
白芨	Bletilla striata	兰科	喜温暖而凉爽湿润的气候，稍耐寒；喜半阴	总状花序顶生，花淡紫红色；岩石园配植，山石间丛植，丛植于林下	西南、中南、华东等地	3~5月
蛇莓	Duchesnea indica	蔷薇科	喜光及温暖湿润，较耐寒	三出复叶，小叶片近无柄，菱状卵形或倒卵形；地被	辽宁南部以南各省	4月~5月
老鹳草	Geranium wilfordii	牻牛儿苗科	喜凉爽、湿润、耐寒；忌炎热；适应性强	叶具毛。花序腋生，着花2朵淡红色；丛植或作地被	东北、华北及华东地区	7~8月
顶花板凳果	Pachysandra terminalis	黄杨科	喜湿润、温暖的环境，耐阴，忌日晒，耐寒	叶薄革质，花序顶生，直立，花白色；地被植物，亦可作盆栽	华东、华南	4~5月
草原龙胆	Eustoma grandiflorum	龙胆科	喜温暖、湿润环境，但忌水湿，较耐寒；性强健、耐寒，喜生于干燥地带	株态轻盈，花色雅致明快，多用作切花盆花观赏	南方各地	5~10月
金叶过路黄	Lysimachia nummularia 'Aurea'	报春花科	林下半阴处及山谷阴湿地带	单叶十叶对生，近正圆形，基部心形	长江流域露地越冬	6~7月
点地梅	Androsace umbellate	报春花科	喜温暖、湿润。较耐寒；喜阳光充足，不耐阴	全株被白色长柔毛，伞形花序，小花白色；岩石园、地被、盆栽	西南及西北地区	4~5月
花点草	Nanocnide japonica	荨麻科	不择土壤，适应性强	叶三角形，花淡紫色，密集；观花地被或观叶做盆栽	长江流域中、下游诸省	4~7月
黄海棠	Hypericum ascyron	桃金娘科	阴性，略耐荫，稍耐寒。性强健，忌积水	叶卵状披针形，聚伞花序顶生，花大，黄色；可丛植作花带或花篱	东北和黄河、长江流域	8~9月
繁缕	Stellaria media	石竹科	喜温和湿润的环境，较耐荫	蔓延地上，花白色；用作山坡、路旁的绿化材料	全国各省区	2~4月

参考文献

[1] 中华人民共和国建设部. GB/T50103—2010 总图制图标准[S]. 北京：中国计划出版社，2002.

[2] 赵兵. 园林工程学[M]. 南京：东南大学出版社，2003.

[3] 梁伊任. 园林工程[M]. 北京：中国林业出版社，1996.

[4] 吴为廉，景观与景园建筑工程规划设计[M]. 北京：中国建筑工业出版社，2005.

[5] 北京市园林局. CJ48—92 公园设计规范[S]. 北京：中国建筑工业出版社，1993.

[6] 中华人民共和国建设部. CJJ83—92 城市用地竖向规划规范[S]. 北京：中国建筑工业出版社，1999.

[7] 闫寒. 建筑学场地设计[M]. 北京：中国建筑工业出版社，2006.

[8] 姚宏韬. 场地设计[M]. 沈阳：辽宁科学技术出版社，2000.

[9] 王晓俊. 风景园林设计[M]. 南京：江苏科学技术出版社，2007.

[10] [美]尼古拉斯·丹尼斯，凯尔·D. 布朗. 景观设计师便携手册[M]. 刘玉杰，吉庆萍，俞孔坚译. 北京：中国建筑工业出版社，2002.

[11] [美]诺曼，K. 布斯. 风景园林设计要素[M]. 曹礼昆，曹德鲲，译. 北京：中国林业出版社，1989.

[12] 张建林. 园林工程[M]. 2 版. 北京：中国农业出版社，2010.

[13] 陈科东. 园林工程. 北京：高等教育出版社，2006.

[14] 潘福荣，王振超，胡继光. 北京：机械工业出版社，2010.

[15] 杨永胜，金涛. 现代城市景观设计与营建技术（第二卷）[S]. 北京：中国城市出版社，2002.